爱上呆萌的多肉，过惬意随心的生活

萌多肉小典

吴沙沙　小岛向北　陈凌艳
陈　潇　陈进燎　◎编著

海峡出版发行集团｜福建科学技术出版社
THE STRAITS PUBLISHING & DISTRIBUTING GROUP | FUJIAN SCIENCE & TECHNOLOGY PUBLISHING HOUSE

图书在版编目（CIP）数据

萌多肉小典 / 吴沙沙等编著 . —福州：福建科学技术出版社，2015. 6（2016. 1 重印）

ISBN 978-7-5335-4753-0

Ⅰ . ①萌… Ⅱ . ①吴… Ⅲ . ①多浆植物 – 观赏园艺 Ⅳ . ① S682.33

中国版本图书馆 CIP 数据核字（2015）第 043190 号

书　　名　**萌多肉小典**
编　　著　吴沙沙　小岛向北　陈凌艳　陈潇　陈进燎
出版发行　海峡出版发行集团
　　　　　　福建科学技术出版社
社　　址　福州市东水路 76 号（邮编 350001）
网　　址　www.fjstp.com
经　　销　福建新华发行（集团）有限责任公司
印　　刷　福州德安彩色印刷有限公司
开　　本　700 毫米 ×1000 毫米　1/16
印　　张　12.5
图　　文　200 码
版　　次　2015 年 6 月第 1 版
印　　次　2016 年 1 月第 2 次印刷
书　　号　ISBN　978-7-5335-4753-0
定　　价　36.00 元

前言

学园林、研究观赏植物也有十多年时间了，但真正认识多肉、爱上多肉并没有那么久。尽管如此，我对它们的喜爱却与日俱增。一个偶然的机会，在花友的家中我第一次被肉肉们吸引了眼球。肥肥大大的唐印，那火红叶缘和娇嫩黄绿的叶色宛如童话中描绘的仙草；那烂漫开放的各色长寿花，让人们在冬日体验繁花似锦；晶莹剔透的玉露、安安静静的寿，让我不禁感慨大自然的神奇创造力，让我忍不住想要触摸、想要细细观赏，一探究竟。从那以后，我便开始在多肉的世界里畅游。

每一位肉友都是一名园艺师、收藏家。肉肉就像小朋友，有它们独特的生活习性、生长方式和繁殖方法，而肉肉的主人就像是幼儿园的老师，要尽可能提供给多肉最佳的生活环境，同时也要“因材施教”，久而久之就成了园艺师。肉友们还是“贪婪”的收藏家，或专注于一类肉肉，抑或是更加广泛的肉肉荟萃。个中乐趣和滋味，会让你在肉肉的世界中愈陷愈深!

因为访学的关系，我来到了肉肉比较集中的原产地——美国和墨西哥，流连于美国西海岸街头的肉肉花坛、花境、专类园，被私人庭院、肉肉主题餐厅里精心养护的肉肉吸引，惊叹于夕阳下、公路旁、荒漠中屹立的仙人柱林，融入当地热情的多肉植物俱乐部，享受因肉肉带来的跨越国界和国籍的文化与精神交流。因为肉肉，我们有了一个共同的名字——肉友。

在完成这本书的过程中，我得到了众多热心肉友的帮助，感谢本书其他几位作者的辛勤付出；感谢福建农林大学董建文、陈兰、彭东辉、翟俊文老师和张林瀛同学，感谢糊糊和和、雪媚如花、@林-式、微博花友铭花人、seb——壹，肉友老李、王倩倩、肥狼、张腾、卡卡、麦子、木头、王彩凤、苏念源、高娟、王江汉、函数、小金、姚运臻、嘤嘤、曾程洁、刘文娟、大理水草、菲拉格慕、陈溪璐、王小莹、谢丽娟，为我们提供部分照片；感谢泉州花友群、福州多肉植物爱好者群的众多花友对本书给予的帮助。

吴沙沙

FLOWER

目录 contents

走进多肉的世界 1

常见多肉家族成员 13

入手多肉必备知识 114

多肉成长季　130

多肉保卫战　143

多肉的繁殖 148

多肉组合盆栽 159

肉友们的经验谈 176

走进
多肉的世界

认识多肉植物

多肉植物，即饱含汁水的植物。总的来说，只要看起来符合这个外貌标准的植物，都可以冠以这个称呼。

多肉植物按照植物学上的划分会相对复杂一些，涉及景天科石莲花属（*Echeveria*）、仙女杯属（*Dudleya*）、莲花掌属（*Aeonium*）、风车草属（*Graptopetalum*）、厚叶草属（*Pachyphytum*）、青锁龙属（*Crassula*）、景天属（*Sedum*）、伽蓝菜属（*Kalanchoe*），芦荟科瓦苇属（*Haworthia*），菊科千里光属（*Senecio*），夹竹桃科棒棰树属（*Pachypodium*）等。其中最具代表性的是石莲花属。它们有着肉嘟嘟的“小脸”和呆萌的“身形”，是最标准的多肉植物，成功“俘获”了不少多肉爱好者。

从地理分布来说，大多数多肉植物生长在沙漠、降雨少的高山顶部或风强干燥的岩壁上。

从演化角度来说，多肉植物的茎、叶或根等肥厚、膨大的器官能贮藏大量水分，因而能忍耐干旱环境。有些多肉的体表生有厚厚的角质层或披着一层蜡质或绒毛，有减少水分蒸腾的作用。它们的叶片或茎上分布的气孔数量远比一般植物少，并且深藏在表皮的凹陷处，再加上角质层蒸发的阻力较大，所以其体内水分散失比其他植物相对要少。其多数种类体内的无色透明黏液或白色乳汁都含有一种多糖物质，有提高细胞液浓度，增强耐干旱能力的作用。此外，

在植株受伤时，它还具有迅速结痂愈合伤口的功效。根据不同肉质化部位，多肉植物可分为两种类型，即叶多肉植物和根茎（块根、块茎）多肉植物。大部分多肉植物为适应原产地恶劣环境所需，有夏季或冬季休眠、完全停止生长的习性。如果种养得当，它们有着很长的寿命。

多肉植物名称的由来

刚接触多肉植物的肉友会觉得多肉植物的名字很美，单是听名字就会让人产生各种联想，如佛珠、夕映、花月夜、锦晃星、子持莲华、王玉珠帘，等等。其实，多肉植物的名字有些是直接音译，有些则是英文或日文意译。其中一些比较经典的品种名字，学术界或多肉行业中基本可以达成共识，而很多新品种或者比较少见的品种的名字则经常会引起混淆，甚至没有正式被大家认可的名字，因而常常出现一名多用或者多名一用。不少引进品种没有中文名称，只有拉丁学名或简单的英文名称。出现这些情况，一是因为多肉植物品种繁多，新品种不断推出，二是因为多肉植物命名缺乏统一的规范。现在，越来越多的商家和爱好者开始直接标注英文名称。

总体而言，多肉植物命名大致划分为以下八类：

优美景色：雨滴、静夜、晚霞、月影、醉斜阳、花月夜等。

音译：丽娜、黛比、罗密欧、丹尼尔、酥皮鸭等。

其他植物：芙蓉雪莲、白菊、乌木、白牡丹、紫牡丹、山地玫瑰等。

美人：桃美人、月美人、红美人、东美人、姬星美人等。

▲晚霞

地名：罗马、秘鲁富士、瑞典魔南、纽伦堡珍珠、墨西哥巨人等。

动物：蓝鸟、霜之鹤、熊童子、小天狗、火星兔子等。

神仙鬼怪：孙悟空、仙女杯、七福神、蓝色天使、月光女神等。

美食：红葡萄、奶油黄桃、鳄梨奶油、巧克力方砖等。

▲火星兔子

▲酥皮鸭

▲鳄梨奶油

▲小天狗

▲姬星美人

最受欢迎的多肉植物

▶莲座类多肉

莲座类多肉的叶子都是像莲座状，其绝大多数是石莲花属（*Echeveria*），这是在多肉圈最高频出现的种和品种所在的属。它们最受多肉爱好者欢迎，品种也最为丰富，价格高低不等。

有的多肉形似石莲花却另有身份，如风车草属（*Graptopetalum*）和厚叶草属（*Pachyphytum*）；另外还有莲花掌属（*Aeonium*）的山地玫瑰、法师类，虽然没有石莲花属多肉叶片肉质程度明显，但也受到不少爱好者的青睐。

▲厚叶草属千代田之松

最昂贵的多肉是仙女杯属（*Dudleya*）多肉，在极度陡峭的岩壁上它们也能生存，其叶片上厚厚的白粉形成的梦幻外观让大家爱不释手。

▲仙女杯属仙女杯

▲石莲花属假日

▲莲花掌属绿法师

▶扎根沙地的生石花

生石花（*Lithops*）被称作开花的石头或活的石头。它们分布在南非与纳米比亚，进化适应了贫瘠干旱的环境。家养条件下无需频繁浇水和照料，这一点需要引起足够重视，绝大部分生石花的死亡都是因为浇水过多、过频。

生石花分类细致，相对其他多肉植物来说也更加规范。其种系繁多，有几十个系之多。

▲生石花拼盘

▲生石花拼盘

▶多肉萌物熊童子

熊童子外形像小熊的爪子，原产地在纳米比亚。其光泽而毛茸茸的外表非常可爱，半透明的红色叶尖像橡皮糖，肥肥的体型让人爱不释手，是非常有代表性的多肉植物之一。熊童子生长并不迅速，但用心养就能获得它最美的形态。

▲熊童子

▲熊童子

▶玉露和万象

百合科玉露类和万象类多肉，个个玲珑剔透，似大自然雕琢而成的宝石。它们的原产地在南非。

姬玉露：玉露里的小型种，圆头、顶毛少，普货的经典代表之一。

紫玉露：紫色，大小和姬玉露差不多，暴晒后会紫到发黑，整体低矮平整。

蝉翼玉露：薄如蝉翼，纹路清爽干净。

草玉露：很普遍的品种，“窗”小、易群生，很好养。

冰灯玉露：从优质玉露中选出，圆头、“窗”大而透亮，纹路清晰简明。

潘氏冰灯：国内培育出的著名品种，容易跟紫玉露混淆，玉露中的顶级品种。

万象（*Maughanii*）在日本有非常丰富的园艺品种，其常常能在拍卖场获得上万的成交价。这些昂贵的品种生长极其缓慢，通常只有日文名，国内已经有不少高级别的多肉玩家陆续引入这些品种。

▲潘氏冰灯

▲玉露寿

多肉植物深受喜爱的原因

多肉植物一直深受肉友们的喜爱，这与多肉独有的特性有关。

●独一无二的“萌”属性。不知是不是因为巨大的生活压力，人们需要情感的寄托，从而使萌物成为流行。“天然呆、无公害、小清新、治愈系”，这样的东西会让人有“生活也能简单快乐”的满足感。

●品种品系繁多庞大。多肉植物可爱诱人，常让肉友们深陷其中，欲罢不能，想要网罗天下可爱多肉，但无奈多肉植物品种品系太过繁多，而且不断诞生新的园艺品种。收集、种养多肉类似于集邮，集欣赏、收藏于一身，还可以保值增值，所以很容易上瘾。

●每天都有新变化。温差大、日照强，多肉很快就会上色，让人成就感爆满。

●整齐小巧又精致。多肉上了铺面以后相对比较干净，服盆后枯叶也少，又可以成排摆放，很有大军磅礴之感。

●玩法多多。多肉可以播种、叶插枝插、砍头分侧芽，乐趣无穷。

●有兴趣圈子。在 2007 年左右，不少网络社区里已经有初具规模的多肉植物信息了。现在，国内已经很多，大家有讨论、有对比、有话题，互勉互励更有动力。

●探究无止境。在多肉世界里，还有很多多肉植物未被发掘出来。

●虐恋情深。经常昨天还状态很好今天就一夜暴亡，但短痛好过长痛，有时候还会留几片叶子叶插留个念想。

【小贴士】多肉植物养护难易程度

多肉是最适合公寓阳台及窗台养护的植物。虽然公寓阳台楼高风大，阳光照射又不如露天，但多肉植物不会像耐阴植物那样因为风大而凋零死去。正如肉友们常说的“养活容易养精难”，一般的多肉品种很好养，不需要特殊照顾，但想要养到精致则需要时间来慢慢摸索。

读懂多肉圈子里的“术语”

▶锦

多肉植物茎、叶等部位叶绿素缺失或变异，而其他色素相对活跃，发生了颜色变化，出现白、红、黄、紫、橙等异色斑点或条纹，这就是锦，或称锦化、出锦。

▲尼克莎娜白锦

▲太阳花红锦＋若绿

▶缀化

缀化是多肉植物顶端分生组织垂直于原本的生长方向延长生长，因而变成扁平、带状、冠状或者扭曲状。某些情况下缀化可引起植物增重和体积变大。有些多肉植物正是因为产生了缀化而变得更加珍贵。缀化的产生有以下几种原因，如激素、遗传、细菌、真菌、病毒和环境变化。

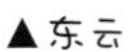

▲东云

▲东云缀化

▲乙女心

▲乙女心缀化

▶徒长

多肉植物枝叶生长过于旺盛即为徒长，一般因过多施用氮肥、光照不足或水分过多而引起，表现为叶色变绿、节间变长、茎秆纤细等。

▶群生

群生指多肉植物拥有多个生长点长出的新枝或小苗，且紧密地生长在一起。

▲天使之泪

▲徒长的天使之泪

▲玉蝶群生

▲瓦松秀女群生

▶砍头

砍头就是用剪刀将多肉植物的顶部剪下来。这是一种修剪方式，也是多肉的一种繁殖方法。

▶冬型种和夏型种

冬型种也称春秋型种，指原产地生长期集中在冬、春、秋季，休眠期在夏季的多肉植物。夏型种正好与之相反，夏季不休眠且生长良好，原产地冬季低温时为其休眠期。

▲夏季高温休眠的条纹十二卷

▲冬季旺盛生长的条纹十二卷

常见冬型种多肉植物有：景天科钱串、巴、黄丽、观音莲、虹之玉、乙女心、八千代、黑法师、爱染锦、熊童子、银波锦、胧月等，百合科条纹十二卷、玉露、寿、玉扇、万象、卧牛、琉璃殿等，番杏科生石花、花纹玉、日轮玉、少将等。

常见夏型种多肉植物有：多数仙人掌科、大戟科植物，萝藦科凝蹄玉等，景天科唐印、火祭、子持莲华等，马齿苋科雅乐之舞、金枝玉叶、紫米粒、吹雪之松等，番杏科雷童、五十铃玉等。

▲夏季旺盛生长的子持莲华

▲冬季低温休眠的子持莲华

常见
多肉家族成员

景天科

▶石莲花属

乌木

Echeveria agavoides 'Ebony'

▲乌木

养护难度：容易

生长速度：缓慢

归　　类：贵货

乌木最初生长在墨西哥的野外，经长期的栽培筛选成为了一个栽培品种。

●**特征**：乌木属于中大型园艺种，叶片光滑、灰绿色、无白粉，叶缘紫红。乌木名字中的“乌”字也由此而来。

●**养护**：冬型种，耐旱，可以耐受-4℃的低温。喜排水良好的微酸性土壤，喜光照充足和凉爽、干燥的环境。光照不足会引起植株徒长、叶片变长，且深红色叶缘颜色会变浅。生长期要保持土壤湿润，但不可积水；寒冷和高温环境就要严格控水。

●**繁殖**：砍头。

养护关键要素：

	春秋	夏	冬
光照		适当遮阴，通风	
水分		适当控水	控水
温度			≤5℃停止生长

魅惑之宵

Echeveria agavoides ‘Lipstick’

养护难度：容易
生长速度：慢
归　　类：中档

▲魅惑之宵

【小贴士】乌木与魅惑之宵的区别

两种多肉的叶片都有红色的顶尖，这是大家混淆的重要原因之一。但区别也很明显：乌木叶色为灰绿色或玉色，叶缘颜色更深，紫红色至红褐色；魅惑之宵叶色为苹果绿色，叶缘鲜红色至暗红色。

▲魅惑之宵（左）与乌木（右）

●**特征**：天然变异植株，特点是叶片边缘有明显的红色。苹果绿的叶子具有粉红色的叶缘和端刺。叶面光滑，无白粉，不易积水。在阳光充足的情况下，叶缘至叶尖会表现出鲜红或艳红色。花期春季至夏初，花红色，花尖黄色。

●**养护**：冬型种，喜充足光照、凉爽、干燥的环境，浇水要见干见湿。高温休眠，需遮光、控水。冬季温度保持在5℃以上可正常养护。

●**繁殖**：叶插、砍头。

养护关键要素：

	春、秋	夏	冬
光照	充足	遮阴，通风	充足
水分	见干见湿	控水	控水
温度			≤5℃停止生长

罗密欧

Echeveria agavoides 'Romeo'

养护难度：容易

生长速度：慢

归　　类：中档

▲罗密欧

▲罗密欧

罗密欧属初现于德国的一个苗圃。

●**特征**：叶片常年呈灰紫色，有红色叶缘与叶尖，叶面光滑。春夏之交时开出有黄边的红色花朵，花比东云系其他品种略小。在全日照下，叶片会呈现深紫红色，也就是“血罗”。

●**养护**：冬型种，喜温暖、干燥、阳光充足、通风良好的环境。最低可耐受-9℃的低温，不能承受霜冻。夏季高温时进入短暂的休眠期，此时要通风良好、稍加遮阳；其次控制浇水，为避免腐烂，应在日落后温度稍低时浇，同时避免水淋到叶心。冬季温度高于-2℃，正常生长；反之休眠，控制浇水。

●**繁殖**：砍头、分株、叶插。

养护关键要素：

	春秋	夏	冬
光照	充足	稍加遮阴	
水分	见干见湿	控水，日落后浇水	
温度			≥-2℃

玉杯东云

Echeveria 'Gilva'（*E. agavoides* × *E. elegans*）

养护难度：容易

生长速度：慢

归　　类：中档

▲玉杯东云

玉杯东云是原始东云与月影杂交的园艺品种。

●**特征：**前者来自墨西哥的中北部，后者主要来自墨西哥中部。玉杯东云继承了月影叶缘的半透明与原始东云的大体型，习性更偏向东云。叶片顶端圆润、顿尖，叶底内凹，宛如一支玉杯。

●**养护：**具有较好的适应性，夏季在适当遮阴和通风的环境下，耐热能力强；冬季也可以承受短时间的寒冷气温，但持续低于-4℃时需放入室内。

●**繁殖：**侧芽繁殖是最适合的方式，也可以叶插。

养护关键要素：

	春	夏	秋	冬
光照		遮阴		
水分		控水		控水
温度				≤4℃停止生长

玉珠东云

Echeveria 'Van Keppel'（*E. agavoides*×*E. elegans*'albicans'）

养护难度：容易

生长速度：慢

归　　类：中档

▲玉珠东云

玉珠东云与玉杯东云是同父异母的兄弟，也属于东云和月影系的杂交园艺品种。

●**特征：**叶子短而肥厚，是东云系中最圆润肥胖的。茎短，叶子相连紧密，叶突尖，叶面光滑呈蜡质。植株常年翠绿偏白，光照充足、温差大的情况下叶色绿中透黄，叶尖发红。

●**养护：**冬型种，喜温暖、干燥和阳光充足的环境。夏季高温时休眠，应遮阴，保持通风良好，控制浇水。生长期盆土要干透浇透，过于干燥会让老叶枯萎（休眠期除外）。冬季如果最低温度不低于-2℃，可正常养护；反之，控水休眠。盆土干燥时能耐-6℃的室内低温。

●**繁殖：**通常用砍侧芽的方式繁殖。

养护关键要素：

	春	夏	秋	冬
光照		遮阴		
水分		控水		控水
温度				≤6℃ 进入休眠

天狼星

Echeveria agavoides 'Sirius'（别名：思锐）

养护难度：容易

生长速度：慢

归　　类：中档

▲天狼星

天狼星是东云系的栽培品种。

●**特征**：叶片广卵形，两面均光滑，叶背微微突起，叶色为灰绿色至白绿色，叶缘为浅红色，阳光充足时会表现艳丽的红色。

●**养护**：喜阳光充足、气候冷凉的环境。生长期里充足的阳光会使叶缘表现出鲜艳的红色，且莲花状的株型也会更紧实、圆整、美观。夏季高温注意通风、控水，忌闷热潮湿。冬季的低温和夏季的高温，会使植株生长缓慢甚至进入休眠。

●**繁殖**：砍头、叶插、播种。

养护关键要素：

	春	夏	秋	冬
光照		遮阴		
水分		控水		控水
温度		遮阴降温		≤5℃停止生长

▲天狼星

黑爪 *Echeveria cuspidata* var. *Zaragozae*

养护难度：容易
生长速度：慢
归　　类：中档

▲黑爪

黑爪原产墨西哥中部。

●**特征**：叶片肥厚，倒披针形；叶缘无边较圆，有明显的红黑色叶尖且较长。叶被少量白粉，呈现出较暗的蓝绿色，光照充足和温差大时变色，色艳丽，株型更加紧凑。春季开浅黄色小花。

●**养护**：有较强的适应能力，在通风好的环境下有很强的耐热能力。春秋季为生长期，可适当增加给水，但不能积水。冬季低于−4℃时放入室内，持续低温应逐渐断水。夏季持续高温，生长会变得缓慢或休眠，应适当遮阴和控水。

●**繁殖**：叶插。

养护关键要素：

	春	夏	秋	冬
光照		遮阴		
水分		控水		控水
温度		≥35℃进入休眠		≤−4℃进入休眠

▲红爪

▶绿爪

厚叶月影

Echeveria elegans ‘Albicans’

养护难度：容易

生长速度：慢

归　　类：中档

▲厚叶月影

养护关键要素：

	春	夏	秋	冬
光照		遮阴		
水分		控水		

厚叶月影原产墨西哥，是月影系品种。

●**特征**：叶片呈紧密螺旋状排列，下表面突出有轻微棱，整个植株叶片抱团向中心合拢。叶片表面光滑，有少量白粉覆盖，叶片翠绿色。茎半木质化，不易长高。成年后会萌生许多侧芽形成群生状态。

●**养护**：冬型种，夏季高温时休眠，需要通风遮阴的环境，水分只要每周浇少量即可。春秋季是其生长旺季，需给予全光照和充足的水分。浇水不要淋到植株本身，否则上面的白粉会被冲掉，而且容易造成烂心。

●**繁殖**：砍头、分株。

星影 *Echeveria albicans*

养护难度：容易
生长速度：慢
归　　类：中档

▲星影

星影原产墨西哥至南美洲。

●**特征**：叶片肥厚具白粉，呈现银色或白色；叶片顶端具小尖，秋冬温差大时叶缘变红。春末夏初开出美丽的花朵。

●**养护**：耐旱，不耐霜冻，很少发生病虫害。要求土壤排水良好，放置于早上可以照到直射光、其他时间仅有明亮散射光的环境中。基本不需要施肥，如果施肥，仅需少量水溶性的肥料。夏季给水以见干见湿为原则，随着气温降低水量逐渐减少，冬季低温时完全断水直至第二年春天气温升高时。

●**繁殖**：枝插。

养护关键要素：

	春秋	夏	冬
光照	全日照	遮阴	全日照
水分		控水	控水

月光女神

Echeveria 'Moon Gad varnish'

养护难度：容易

生长速度：慢

归　　类：中档

▲月光女神

月光女神由花月夜和月影杂交出的品种，属小型种。

●**特征**：叶片长勺形，浅绿色，莲座型密集排列；叶片中部肥厚，边缘较薄，叶尖明显。叶面具轻微白粉，老叶白粉会自然掉落呈光滑状。强光、大温差或冬季低温时叶色变深，叶缘呈现粉红色。花为微黄色。

●**养护**：冬型种，表现为冷凉季节生长，夏季高温休眠。喜欢阳光充足和凉爽、干燥的环境，耐半阴，怕多水，忌闷热潮湿。夏季高温时休眠，生长缓慢或完全停止，此时应注意通风并适当遮光及控水。冬季温度低于5℃时控水，注意保暖。

●**繁殖**：砍头、叶插（周期长）。

养护关键要素：

	春	夏	秋	冬
光照		遮阴		
水分		控水		控水
温度				≤5℃生长缓慢

▲月光女神缀化

花月夜 *Echeveria pulidonis*

养护难度：容易
生长速度：稍快
归　　类：普货

▲花月夜

花月夜原产墨西哥的中部至南部地区。

●**特征**：拥有25片或更多的叶片，围合呈莲座状，所以看不出明显的主茎。叶色为淡蓝绿色，叶面上表面平整或略凹，下表面圆形微凸，叶缘有红色细边，叶尖小且为红色。通常呈现单株的状态，因为形成群生需要的周期很长。花期在冬天至来年的春天，弯弯的花箭上开满黄色小花。

●**养护**：喜光，喜排水良好的土壤。光照充足会使红色的叶缘更加艳丽。只要排水良好，露天养护时偶尔的淋雨是可以承受的。比较耐干旱、对水分需求量低。除炎夏要遮阴外，其他季节均可全日照。冬季可耐最低温度为-4℃。

●**繁殖**：叶插。

养护关键要素：

	春	夏	秋	冬
光照	全日照	遮阴	全日照	全日照
水分		控水		控水
温度				≤-1℃停止生长

姬莲

Echeveria minima（别名：迷你马、原始姬莲、老版小红衣）

养护难度：较难
生长速度：缓慢
归　　类：贵货

▲姬莲

姬莲原产墨西哥，原生地为海拔较高的露岩地。

●**特征**：叶片卵圆形，浅蓝或蓝白色；叶缘发红，叶片有小红尖。春夏之交时橘色的钟形花朵将一一绽放。

●**养护**：排水良好的土壤至关重要，充足的光照是保护完美株型的关键。浇水原则见干见湿，尽量不要施肥。夏季太热时会休眠，应遮阴、控水，尤其注意避免底部叶片腐烂。如果冬日足够温暖，将不会休眠，但怕霜冻。

●**繁殖**：枝插、分株。

养护关键要素：

	春	夏	秋	冬
光照		遮阴		
水分	少水	控水		少水
温度		遮阴降温		防冻

蓝姬莲

Echeveria 'Blue Minima'（别名：若桃）

养护难度：较难

生长速度：缓慢

归　　类：中档

▲蓝姬莲

蓝姬莲是姬莲的杂交品种，属小型品种。

●**特征**：叶片肥厚呈匙型，上表面平整，下表面突出呈圆形；叶色为蓝白或绿白色，叶片先端急尖容易晒红。栽培3~4年后会开出微黄、先端红色的花朵。

●**养护**：喜阳光充足、凉爽、干燥的环境，半耐阴，怕水涝，忌闷热潮湿。冬型种，夏季高温进入休眠状态，需遮阴、通风、控水。冬季温度在5℃以上都可以正常管理，不用刻意控水。

●**繁殖**：砍头、叶插。

养护关键要素：

	春秋	夏	冬
光照		遮阴	
水分	少水	控水	少水
温度		遮阴降温	≥5℃正常，防冻

小红衣
Echeveria globulosa

养护难度：较难
生长速度：缓慢
归　　类：贵货

▲小红衣

小红衣原产墨西哥南部。

●特征：叶片匙形，扁平细长；叶表具白粉，有明显的半透明边缘，叶尖两侧有突出的薄翼。植株无毛，茎短，直立，黄褐色，50~60片叶环生形成直径4~5.5厘米的莲座状，低温及光照充足时叶缘变红，或在叶背中间凸起处出现红色斑点。生长较缓慢，易群生。花期5~6月。

●养护：浇水时要把握见干见湿的原则，尽量避免将水喷洒到叶片上，否则会影响叶片的美观且易导致烂心。春、秋生长期，可以全日照。夏季高温进入休眠，注意通风遮阴。冬季温度大于5℃即可安全过冬。

●繁殖：播种、分株（常用）、砍头。

养护关键要素：

	春、秋	夏	冬
光照	全日照	适当遮阴	
水分	少水	控水	少水
温度		遮阴降温	防冻

雪莲

Echeveria laui

养护难度：容易

生长速度：缓慢

归　　类：贵货

▲雪莲

雪莲原产墨西哥南部海拔500米的峡谷或海拔3000米的高山上。

●**特征**：株高多为2~8厘米，最高可达30厘米，最多可拥有80~100片叶子。生长速度比较缓慢，属于夏型种，是石莲花属中最耐热的品种之一。叶片肥厚圆润，淡红或深绿色，上面布满了白粉，排列成莲座状。花期2~4月。

●**养护**：发根缓慢，如果直接购买无根成株，要谨慎或耐心等待发根。不耐水，即使在旺盛生长期也要等土壤干透了再浇水。叶片上的白粉可以抵抗炎热的夏日光照和病菌感染，切不可用手触摸或将水喷溅到叶片上，否则会留下难看的“疤痕”。

●**繁殖**：叶插繁殖，一般在幼苗期成功率较高。

养护关键要素：

	春、秋	夏	冬
光照	全日照	少量遮阴	全日照
水分		控水	控水

狂野男爵

Echeveria ‘Baron Bold’

养护难度：容易

生长速度：慢

归　　类：中档

▲狂野男爵

狂野男爵是粉彩莲的一个中大型栽培品种。

●特征：主茎粗壮，会随着生长而逐渐伸长。叶片围绕主茎呈莲座状密集排列。叶片鹅蛋形，较厚，叶面中间有瘤状不规则凸起，这是其标志性特征。叶色呈现浅绿至紫红色，瘤状物为淡紫红色。叶面上覆有少量白粉，老叶白粉掉落后呈光滑状，易轻微下翻。夏季开花，花为倒钟形。

●养护：喜温暖、干燥和阳光充足的环境，耐干旱，不耐寒，怕霜冻，稍耐半阴。栽培基质以透气、排水良好为准则。夏季高温时要适当遮阴和控水，温度高于40℃会进入休眠，可断水。冬季温度最好维持在5℃以上。相对喜肥，每季度施用长效肥1次。生长速度较快，可1~2年换盆1次，或3~4年砍头繁殖。

●繁殖：分株、砍头、叶插，全年都可进行。

【小贴士】

叶面上的瘤状物边缘为锯齿状，但其大小和形态极其不稳定，缺光或水分过多时，瘤状突起会不明显。强光与昼夜温差大或冬季低温期叶色绿至紫红色，叶尖和叶缘轻微发红，老叶和叶片的瘤凸呈紫红色。控水并在除夏季以外的其他季节给予充足光照可使植株莲花状更紧实圆整，有利于叶色变为紫红色。

养护关键要素：

	春秋	夏	冬
光照		遮阴	
水分		控水	
温度		≥40℃会休眠	≥5℃

蓝石莲

Echeveria glauca 'Gigantea'（别名：皮氏石莲）

养护难度：非常容易

生长速度：稍快

归　　类：普货

▲蓝石莲

【小贴士】

蓝石莲和玉蝶的区别在于叶片，玉蝶叶片前端圆，蓝石莲叶片前端较尖。玉蝶多为绿色，蓝石莲叶片白粉较多，多为淡蓝色。

蓝石莲为中大型种。其中文名是由于常年呈蓝色和莲花状的株型而来。

●**特征**：具有粗壮的茎，假以时日会形成老桩。叶片莲座型密集排列，形状为倒水滴型，蓝绿至银灰色，叶表微具白粉，叶缘较薄，具明显的叶尖，叶片有轻微褶皱，叶片中间凹陷延伸至基部。弱光则叶片容易拉长。开簇状花序，夏季开粉红色花朵。

●**养护**：喜阳光充足、耐干旱。除夏季高温外，可给予充足的光照，以保证叶色艳丽和株型紧实美观。随着生长的状态每1~3年换盆1次，以促进植株成长。浇水一定要见干见湿，可在生长期施用少量缓效肥2~3次。

●**繁殖**：砍头促进侧芽生长后进行芽插，也可以叶插。

养护关键要素：

	春、秋	夏	冬
光照		少量遮阴	
水分		控水	控水

鲁氏石莲

Echeveria runyonii

养护难度： 非常容易

生长速度： 稍快

归　　类： 普货

▲特玉莲

▲鲁氏石莲

鲁氏石莲原产墨西哥东北部。

●**特征：** 中小型品种，具明显主茎。叶匙形至长圆状匙形，具明显小叶尖。叶色灰绿至粉白色，排列成莲花状。叶片光滑微被白粉。叶缘和叶色不会因光照或较大温差而变为红色或其他颜色。开橙红色花。

●**养护：** 喜充足光照，耐旱性强，除夏季高温以外都应给予充足的光照，以保证颜色艳丽和株型紧实美观。随着生长的状态每1~3年换盆1次，以促进植株成长。浇水一定要见干见湿，可在生长期施用少量缓效肥2~3次。

●**繁殖：** 叶插、枝插、播种。

【小贴士】

常见品种有特玉莲*Echeveria runyonii* ‘TopsyTurvy’，是芽变产生的品种，最初形成于美国加利福尼亚，其特色之处在于其叶尖中部明显向中心生长点处皱起。

养护关键要素：

	春	夏	秋	冬
光照	全日照	少量遮阴	全日照	全日照
水分		控水		控水

吉娃娃

Echeveria chihuahuaensis（别名：吉娃莲、杨贵妃）

养护难度： 非常容易

生长速度： 稍快

归　　类： 普货

▲吉娃娃

◀夏季高温时的吉娃娃

吉娃娃原产墨西哥。

●**特征：** 中小型品种，矮小的茎上较少会出现分枝，将逐渐伸长成为老桩。叶片倒卵形至椭圆形呈莲座密集排列，有细细的长硬叶尖，叶色蓝绿色或绿色，叶表光滑有白粉；强光与昼夜温差大或冬季低温时叶缘和叶尖发红。单蝎尾状伞形花箭，花朵倒钟形，花瓣淡红色。

●**养护：** 喜温暖干燥和阳光充足的环境，耐旱，不耐水湿，无明显休眠期。生长适温是15~25℃，冬季应不低于5℃。生长期浇水要见干见湿，但注意保持叶面和叶丛中心无积水。夏季35℃以上高温时，要注意通风，适度遮阴并控水。冬季保持盆土稍干燥，生长期一般每20天左右施1次缓效肥。随着生长的状态可以每2~3年换1次盆。

●**繁殖：** 叶插、枝插、播种。

养护关键要素：

	春	夏	秋	冬
光照		适当遮阴		
水分		控水		
温度				≥5℃

玉蝶

Echeveria secunda var. *glauca*（别名：石莲掌、八宝掌）

养护难度： 非常容易

生长速度： 稍快

归　　类： 普货

▲ 玉蝶

▲ 玉蝶

玉蝶原产墨西哥，可以生活在沙漠地区。

●**特征：** 中小型品种，易从基部萌生匍匐茎，匍匐茎顶端有小莲座叶丛，极易生根长成新的植株。也易形成老桩、萌生侧芽。叶轮生，短匙型，先端圆有小尖，叶表被白粉，宛如绿莲盛开，略施粉黛。若光照充足，叶合拢，叶缘泛红。花期盛夏，穗状花序腋出，花冠淡黄色，身披红装。

●**养护：** 喜温暖、干燥和阳光充足的环境。盛夏短暂休眠。种植容易，叶子蔫软就浇透水，忌积水。常通风可防病菌，夏季温度高于30℃，应遮阴、通风、少浇水，可防黑腐病；冬季低于5℃，应适当控水或断水，并移进室内。

●**繁殖：** 枝插、叶插（较慢）。

	春	夏	秋	冬
光照		适当遮阴		
水分		控水		控水
温度				≥5℃

山地玫瑰

Aeonium aureum

养护难度：较难

生长速度：慢

归　　类：中档

▲山地玫瑰

山地玫瑰原产南非加那利群岛海岸附近低海拔雾区。

●**特征**：可以长到3~50个侧芽、40厘米大小的一整丛。淡苹果绿的叶片围合在一起形成玫瑰状的圆球，在冬季绽放，而在夏季休眠时叶片紧紧收缩在一起，被干枯的叶片包裹着，像一个个含苞待放的玫瑰花蕾。中心的芽生长3~4年成熟后会抽生花箭，开出亮黄色的花朵，结出种子后主株死亡。

●**养护**：冬型种。在天气开始炎热时叶片收拢，进入休眠期，至凉爽秋季来临前都不要浇太多水。如果是相对凉爽的环境，可以给予全日照；如果环境炎热，则必须遮阴，因为它需要休眠来远离死亡。

●**繁殖**：枝插，开花后死亡；不推荐播种。

养护关键要素：

	春	夏	秋	冬
光照		遮阴		
水分		断水		控水
温度		≥35℃需要降温措施		

黑法师

Aeoniu arboreum ‘Atropurpureum’

养护难度：容易

生长速度：稍快

归　　类：普货

▲黑法师原种

▲黑法师

养护关键要素：

	春	夏	秋	冬
光照		适当遮阴		
水分		控水	适当多水	控水
温度				保持≥-6℃

很长一段时间人们认为黑法师为黑法师原种（*Aeoniu arboreum*）的芽变，但近期的研究认为是 *A. manriqueorum* 的栽培品种。

●**特征**：植株高大，呈灌木状，茎高可达 1~1.5 米，分枝多，茎上可形成气生根扎入土壤中。叶片排列成莲座状，叶盘集生茎端和分枝顶端，叶盘直径可达 20 厘米；叶黑紫色，在光线暗淡时泛绿色；叶顶端有小尖，叶缘有睫毛状纤毛。总状花序开出黄色小花，由多数狭窄条状花瓣组成，花后植株通常枯死。

●**养护**：喜温暖、干燥和阳光充足的环境，耐干旱，不耐寒，可耐短时间-6℃低温，稍耐半阴。需肥沃、排水透气良好的土壤。夏季高温休眠表现为叶片掉落和叶盘卷缩为玫瑰状，此时要适当遮阴并控水。只要温度在15℃以上均可生长。

●**繁殖**：枝插，也可春季温度19~24℃时播种繁殖。

【小贴士】 1. 黑法师原种和玉龙观音的区别

识别：黑法师原种在阳光充足的环境下，叶缘和叶中脉会发红，而玉龙观音晒后是不会出现红线的；两者成株后，黑法师原种的体型要小于玉龙观音。

▲黑法师原种

▲玉龙观音

2. 黑法师、紫羊绒法师、墨法师的区别

识别：首先黑法师和墨法师相比，墨法师的叶色会更深，成株后的墨法师叶型比黑法师更窄而长。而紫羊绒法师是法师中的贵货，最突出的特点是会散发异味（晒后），其次是它的叶片较其他法师更光亮，叶片肉质更明显；相同环境下，紫羊绒法师的整株叶片更紧凑，株型更漂亮。

▲紫羊绒法师

▲墨法师

红缘莲花掌

Aeonium haworthii

养护难度： 容易

生长速度： 稍快

归　　类： 普货

▲红缘莲花掌

红缘莲花掌原产南非加那利群岛。

●**特征：** 多分枝亚灌木，容易群生，高可达60厘米。其茎秆粗壮，叶片排列成莲座状集生茎端，直径6~11厘米，叶片倒卵形，基部楔形，先端具尖尾；叶色青绿色至青黄色，常掺杂微红锦斑，叶缘有睫毛状纤毛。叶面和叶背光滑，具白霜。夏季聚伞花序开出淡黄色至白色花朵。

●**养护：** 喜温暖、干燥和阳光充足的环境，耐干旱，能够忍耐-3℃低温，稍耐短时间半阴。需肥沃、排水透气好的土壤。夏季高温会短时间休眠，需遮阴、少水，30℃以下均可正常浇水。在冷凉天气里生长非常明显，总的生长速度一般，每2~3年可结合繁殖进行修剪，或任其自然生长形成老桩。

●**繁殖：** 可于早春剪下莲座叶盘扦插，同时可起到砍头促进侧枝生长的效果。

▲红缘莲花掌

养护关键要素：

	春	夏	秋	冬
光照		适当遮阴		
水分		控水		
温度				保持≥-3℃

爱染锦

Aeonium domesticum f.variegate

养护难度：容易

生长速度：稍快

归　　类：普货

▲爱染锦

爱染锦原产大西洋诸岛、北非和地中海沿岸。

●**特征**：可长成矮小灌木状。茎秆半木质化，有气生根，有落叶痕。叶片匙形，叶绿色，中间有黄色的锦斑，但锦斑的大小和形状不稳定，可能会消失，也可能完全锦斑化变为黄色。花期春季，花黄色。

●**养护**：冬种型，喜冷凉气候，夏季休眠明显，表现为叶片掉落。除夏季高温天气以外都应给予充足的光照，株型才会变美，且会产生很多分枝，形成群生。夏季高温时应增加通风，适当遮阴。生长速度较快，但枝干极易木质化，春秋两季生长明显。生长期不能缺水，否则叶片会变软。

●**繁殖**：播种、枝插。

养护关键要素：

	春	夏	秋	冬
光照			全日照	
水分	见干见湿	控水	稍多水分	见干见湿
温度		遮阴降温		防冻

▶长生草属

观音莲

Sempervivum tectorum

养护难度：非常容易
生长速度：稍快
归　　类：普货

▲观音莲

▲观音莲

观音莲原产西班牙、法国、意大利等欧洲国家的高山区。

●**特征**：肉质叶片匙形，螺旋状排列在短柄茎上，由上往下看就像是佛陀的莲座。叶片顶端急尖，常为绿色、紫色或红色；叶边缘有红色或粉红色的细密小锯齿。植株基部多分枝。

●**养护**：喜阳光充足和凉爽干燥的环境，酷暑和寒冬便进入休眠。生长期需要充足的阳光，以防止走形。积水会使根腐烂，而严重缺水则会影响生长，所以浇水要掌握不干不浇，浇则浇透。

●**繁殖**：分株、扦插。

养护关键要素：

	春	夏	秋	冬
光照		遮阴		
水分		断水	见干见湿	控水
温度				≥-5℃

红卷绢

Sempervivum arachnoideum 'Rubrum'（别名：大红卷绢）

养护难度：非常容易

生长速度：稍快

归　　类：普货

▲蜘蛛卷绢

▲红卷绢

红卷绢原产欧洲各国的高山地区。

●**特征**：植株低矮丛生状。肉质叶片匙形或长倒卵形，绿色或红色呈放射状生长，尖端微向外侧弯，叶端密生白色短丝毛，植株中心尤为密集，好似蜘蛛网。夏季其聚伞花序上开出淡粉红色的小花。常见品种还有羊绒草莓、蜘蛛卷绢。

●**养护**：喜阳光充足、凉爽、干燥的环境，耐干旱，不耐寒冷和酷热，忌水涝和闷热。喜肥沃、排水透气性良好的土壤。冬春两季是生长季节，最佳生长温度24~26℃。一般每两年春季换盆1次，夏季末摘除枯叶。

●**繁殖**：扦插、分株。

▲羊绒草莓

养护关键要素：

	春	夏	秋	冬
光照	全日照	少量遮阴	全日照	全日照
水分	见干见湿	适当控水	见干见湿	适当控水
温度				≥2℃

▶伽蓝菜属

唐印

Kalanchoe thyrsiflora（别名：牛舌洋吊钟、沙漠白菜）

养护难度：非常容易

生长速度：稍快

归　　类：普货

▲唐印

▲唐印

唐印原产南非散布岩石的原野上。

●**特征：**大型种，最高可达1米，株幅大于60厘米。一年四季都在生长，要准备相对较大的生长空间，花后植株死亡。

●**养护：**生存能力强。叶片上有一层较厚的白粉，浇水时要注意避开。在盛夏和冬季不要浇太多的水。秋季至来年的春季是最好的欣赏时节。

●**繁殖：**枝插、叶插、播种，但枝插成活率相对较低。

养护关键要素：

	春	夏	秋	冬
光照		适当遮阴		
水分		控水		控水

江户紫

Kalanchoe marmorata（别名：斑点伽蓝菜）

养护难度： 非常容易
生长速度： 稍快
归　　类： 普货

▲江户紫

江户紫原产非洲中部和西部。

● **特征：** 灌木状，茎粗壮，呈圆柱形，直立生长，通常在基部分枝，老茎褐色木质化。叶片对生，倒卵形或近圆形，无柄；叶片具较薄的白粉，叶缘有圆钝锯齿；叶色苍白具有紫色细碎点状锦斑。春季开花，花序自茎顶伸出。

● **养护：** 具有冷凉季节生长、夏季高温休眠的习性。喜充足的阳光，强光下叶片竖直，斑点明显。冬季最低种植温度为12℃，在寒、温带地区应放在温室内养护。

● **繁殖：** 播种、枝插、分株，扦插以春秋季进行为宜。

养护关键要素：

	春	夏	秋	冬
水分				控水
温度				≥12℃

【小贴士】

江户紫的拉丁名中“marmorata”为大理石表面的意思，指叶片表面如大理石。伽蓝菜属很多品种在开花后植株都会衰退。

棒叶伽蓝菜

Kalanchoe daigremontian

养护难度：非常容易

生长速度：稍快

归　　类：普货

▲棒叶伽蓝菜

▲大叶伽蓝菜

棒叶伽蓝菜原产非洲马达加斯加岛南部。

●**特征**：多年生草本。茎直立，粉褐色。叶长圆棒状，粉褐色，有蓝绿色斑纹，上表面有一个沟槽。叶顶端的锯齿上有许多已生根的不定芽。花序顶生，小花红色。

●**养护**：喜温暖、湿润、阳光充足、通风良好的环境，耐干旱、不耐严寒。无明显的休眠时期，对土壤要求不大。阳光越充足，叶色越鲜艳，株型越紧凑。冬季要使其处于2℃以上的环境中才能存活。

●**繁殖**：扦插、胎生。

养护关键要素：

	春	夏	秋	冬
温度				≥2℃

月兔耳

Kalancho tomentosa

养护难度： 非常容易

生长速度： 稍快

归　　类： 普货

▲月兔耳

月兔耳原产非洲马达加斯加的干燥地区。

●**特征**：叶片肥厚、形状奇特，密被绒毛，像极兔子耳朵，且叶边缘布有黄褐色的生长点，其名字由此而来。

●**养护**：喜阳光充足、通风良好和干燥的环境，忌闷热潮湿。生长期光照不足会使其徒长，导致变形、植株脆弱、颜色变淡。夏季温度高于35℃便进入休眠，应慎重浇水、加强通风、减少日照。冬天低于5℃，则少浇或不浇水，移至室内养护。

●**繁殖**：砍头、枝插、分株。

养护关键要素：

	春	夏	秋	冬
光照		适当遮阴		
水分		控水		控水
温度		≤35℃		≥5℃

▲黑兔耳

▲福兔耳

▲梅兔耳

▶景天属

乙女心

Sedum pachyphyllum

养护难度：非常容易

生长速度：稍快

归　　类：普货

▲乙女心

▲乙女心

乙女心原产墨西哥，分布在海拔1800~2000米的山上。

●特征：灌木状，生长时间长易出现老桩，叶片会集中生长在枝条的顶端。叶片为粗短的手指状，覆有白粉的淡绿色，尖端常带有红色。新叶叶尖有浅浅的棱，覆有少量白粉，老叶会慢慢变得圆润，白粉脱落后光滑。黄色小花在春季开放。

●养护：生长期喜阳光充足，需水量少，浇水见干见湿。夏季高温休眠控水、遮阴，寒冷冬季生长缓慢时控水。秋季可施肥，注意氮肥的用量。浇水时应避免喷雾或使水分在叶片间停留太久，否则叶片容易腐烂。

●繁殖：通过生根的茎和掉落的叶片极易繁殖，全年均可进行枝插和叶插。

养护关键要素：

	春	夏	秋	冬
光照		遮阴		
水分		控水		少水
温度				防冻

八千代

Sedum corynephyllum

养护难度：非常容易

生长速度：稍快

归　　类：普货

▲八千代

▲八千代

八千代原产墨西哥中部。

●**特征：**中小型灌木状，叶片呈光滑棒状，顶端较基部小而钝圆，灰绿色被有白粉。叶片从五个方向自下而上以螺旋状排列，松散地簇生在其细瘦偏长的茎枝顶端。老桩或长势偏弱时，茎下部的叶片萎缩或脱落，并生出大量不定根。花期春季，花黄色。

●**养护：**冬型种。喜温暖、光照充足的环境，适应性强，不耐寒。最适生长温度15~25℃，冬季不低于5℃。春秋季为其生长期，应放在阳光充足的地方，浇水掌握干透浇透。夏季半休眠，需良好通风、光线充足、减少浇水。冬季移至温暖、向阳的室内，保持温度高于5℃。每年春季翻盆1次，3~4年的老龄植株也要及时更新繁殖。

●**繁殖：**在生长季节，枝插或叶插都较易成活。

养护关键要素：

	春	夏	秋	冬
光照		遮阴		
水分		控水		少水
温度		降温		≥5℃

【小贴士】

如何区分八千代、乙女心和虹之玉？

	八千代	乙女心	虹之玉
枝	木质状，易形成老桩，叶落后不易留下叶痕。一般为灰色。	肉质状，易生侧枝，叶落后叶痕明显。一般为蓝绿色。	肉质状，较细。一般为绿色。
叶片	底部大、头小，具白粉，叶色淡绿色或淡灰蓝色，叶片尖端红色，其他部位不易变红。	底部小、头大，具白粉，叶色偏蓝绿色。	叶色翠绿，叶表光滑、有光泽，无白粉，多晒太阳叶片易变红。
稀有程度	市场上较少	常见，普货	常见，普货

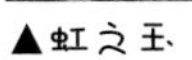

▲虹之玉

▲乙女心

千佛手

Sedum sediforme（别名：菊丸、王玉珠帘）

- 养护难度：容易
- 生长速度：稍快
- 归　　类：普货

▲千佛手

▲千佛手

千佛手原产地中海地区，常生于低海拔的岩石和石灰性土壤上。

●**特征**：茎直立，基部木质化，非常容易长成垂吊的状态。叶片肉质，无毛，绕茎干螺旋状排列；叶片长矛状，顶端尖，通常为绿色，春秋季阳光充足时变红。花箭顶生，开黄色两性花。

●**养护**：夏季高温强光时短暂休眠，此时适当遮阴并控水是关键。生长期需充足的光照，否则容易滋生病害。对土壤要求不严，以肥沃、排水良好的土壤为佳。非常耐旱，在干燥的土壤上生长良好，且能够在墙壁上生长。能耐受的最低温度为-10℃。

●**繁殖**：叶插、枝插，还可播种。

养护关键要素：

	春	夏	秋	冬
光照		遮阴		
水分		控水		控水
温度				防冻

虹之玉

Sedum rubrotinctum（别名：玉米粒、耳坠草）

养护难度：容易
生长速度：稍快
归　　类：普货

▲虹之玉

虹之玉原产墨西哥。

●特征：分枝多。叶片肉质膨大互生，呈圆筒形至卵形，叶表面光亮无白粉，翠绿色，在阳光充足的条件下会转为红色。入春的第二个月从叶片间开出鲜黄色的花朵。

●养护：喜光照，耐干旱，喜排水良好的基质，可适应多种气候，但不耐霜冻。夏季高温强光时短暂休眠，应适当遮阴并控水。遮阴时间不宜过长，否则会徒长甚至伏倒。秋冬季温度降低，再给予充足的光照就会出现动人的红绿渐变。在通风环境下不容易得病。生长速度较慢，一般2~3年进行修剪塑形。

●繁殖：枝插、叶插。

养护关键要素：

	春	夏	秋	冬
光照	全日照	适当遮阴	全日照	全日照
水分		控水		少水

【小贴士】
虹之玉有毒，误食或接触时可能引起刺激。

▲虹之玉

▲虹之玉锦

黄丽

Sedum adolphi（别名：金景天）

养护难度： 非常容易
生长速度： 稍快
归　　类： 普货

▲黄丽锦

▲黄丽
▲相似种——青丽

黄丽原产热带美洲地区。

●**特征**：容易长侧枝，棕黄色老茎光亮，叶子浅绿，叶表光滑蜡质、不具白粉，阳光充足时叶片变黄或橙红，叶缘尤其明显。春季开出白色星状花。

●**养护**：生长速度快，需要充足的阳光、排水良好的土壤和透气盆器，耐干旱，不耐霜冻。浇水掌握见干见湿的原则。生长期全日照，缺乏光照极易徒长。夏季高温会进入轻微休眠，应注意通风遮阳，适当控水。安全越冬温度为3℃以上。春季可结合砍头和修剪在土壤表面施少量有机肥。

●**繁殖**：砍头、枝插、叶插四季皆可，以春季最佳。

养护关键要素：

	春	夏	秋	冬
光照		适当遮阴		
水分	见干见湿	控水	见干见湿	控水
温度				≥3℃

小球玫瑰

Sedum spurium ‘Dragon’s Blood’

养护难度： 非常容易

生长速度： 稍快

归　　类： 普货

▲小球玫瑰

小球玫瑰是人工选育品种。

●**特征：** 植株低矮，常匍匐生长。容易萌发新枝，形成群生。叶片近似圆形，叶缘有波浪状粗锯齿；日照时间增加及温差巨大时，叶片会由绿转变至血红色。老枝下部的叶片会脱落，从上往下看，枝条顶端的叶片就像一朵朵娇艳的玫瑰，由此得名。

●**养护：** 喜温暖干燥、阳光充足的环境，耐旱、耐贫瘠。春秋两季是生长期，要保持充足的阳光和盆土不潮湿，每月施肥1次。夏季遮阴降温，控制浇水甚至断水，若给水应选择在傍晚。冬季保持温度0℃以上。

●**繁殖：** 扦插。

养护关键要素：

	春	夏	秋	冬
光照		遮阴		
水分		控水		控水
温度				≥0℃

薄雪万年草

Sedum hispanicum

养护难度：非常容易
生长速度：稍快
归　　类：普货

▲薄雪万年草

薄雪万年草家族非常庞大，广布南欧至中亚地区。

●**特征**：茎会匍匐生长，而且容易生不定根，因此很容易布满整个盆面。叶片棒状密集生长在茎的顶端，表面覆盖一层白粉。夏季开出一朵朵五星状的小花，白里透红的花色可爱异常。

●**养护**：喜全日照的环境，很耐干旱和贫瘠，怕热、耐寒。日照时间增加和昼夜温差巨大时，植株会由绿色变成粉红色。光照不足容易徒长或长势变弱，且容易滋生病虫害。生长期保持盆土湿润即可，避免积水和长期雨淋。冬季放在光照充足的地方并控制浇水，夏季注意通风。

●**繁殖**：分株、扦插。

养护关键要素：

	春	夏	秋	冬
水分	见干见湿			
温度				≥0℃

姬吹雪

Sedum lineare 'Variegatum'

养护难度：容易

生长速度：稍快

归　　类：普货

▲姬吹雪

姬吹雪原生种是广布种佛甲草。

●**特征**：多年生草本。叶片线性，先端钝尖，边缘白色，一般三叶轮生于枝条上。很容易分枝，因此常常一棵就是一丛。花期4~5月，聚伞状花序顶生，小花黄色，花五瓣。

●**养护**：喜干燥、通风良好、阳光充足的环境，耐半阴和干旱，忌闷热积水。生长季节要保持盆土干燥，控制浇水，防止长期雨淋，每2~3个月施一次稀薄的复合肥液即可。夏季可以不遮阴，但要保持通风，可防病虫害；冬季控制浇水。

●**繁殖**：分株、枝插。

养护关键要素：

	春	夏	秋	冬
光照	全光照			
水分	见干见湿			

大姬星美人

Sedum anglicum

▲大姬星美人

养护难度：非常容易

生长速度：稍快

归　　类：中档

大姬星美人原产西欧。在靠近海边的地区，生长在干燥的岩石、墙壁和沙丘上，在石缝和崖壁中也能旺盛生长。在内陆地区通常生长在河岸边。

●**特征**：茎干多分枝，叶膨大互生，倒卵圆形。如翡翠般的深绿色肉质叶片在阳光照射下非常鲜艳美丽。春季开花，花淡粉白色。

●**养护**：喜温暖干燥和阳光充足的环境。较耐寒，怕水湿。蓝绿色是正常颜色。非常好养，浇水以干透浇透为原则。没有明显的休眠期，冬天能够忍耐-3℃的低温。冬天温度太低生长速度会变慢，此时应少浇水。生长期给予全日照，阳光强植株会变得矮小，匍匐在地上，颜色也会呈现迷人的蓝粉色，非常可爱。

●**繁殖**：叶插、枝插。

养护关键要素：

	春	夏	秋	冬
光照		遮阴		
水分	见干见湿			控水
温度		30℃半休眠，38℃深度休眠		-3℃休眠

【小贴士】

常见品种还有小姬星美人和旋叶姬星美人。

	大姬星美人	小姬星美人	旋叶姬星美人
株型大小	大型	小型	小型
叶表面	叶面光滑	叶片有毛	叶面光滑
叶序	轮生	轮生	旋转向上

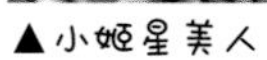

▲小姬星美人

▲旋叶姬星美人

球松

Sedum multiceps（别名：小松绿）

养护难度：容易

生长速度：稍快

归　　类：普货

▲球松

球松原产北非阿尔及利亚。

●**特征**：植株矮小，分枝多而短，株型饱满似球。叶片线形，新叶绿色在茎干顶部密生；老叶黄褐色，干枯后贴于枝上，有着干枯松枝的沧桑感。花期春末夏初，小花黄色，星状。

●**养护**：冬型种，喜凉爽干燥和阳光充足的环境，耐干旱，怕积水，怕酷热。夏季气温在27℃以上半休眠，35℃以上则深度休眠，表现为顶端叶片慢慢围合，失去光彩。此时要控水、遮阴并通风。生长期需充足的光照，否则株型会松散。浇水把握宁干勿湿的原则，避免长期积水造成烂根。为了保持形态的优美，一般不施肥。容易萌发侧枝，要注意修剪，及时剪去过密、过乱的枝条，尤其是基部萌生的新枝。

●**繁殖**：主要通过枝插繁殖，属于极易枝插成活的植物。

养护关键要素：

	春	夏	秋	冬
光照		遮阴		
水分		控水		少水
温度		27℃半休眠，35℃深度休眠		−3℃休眠

▶风车草属

胧月

Graptoreria paraguayense（别名：粉莲、缟瓣）

养护难度：非常容易

生长速度：稍快

归　　类：普货

养护关键要素：

	春	夏	秋	冬
光照		充足光照		
水分		控水		
温度		≤35℃		≥0℃

▲胧月

▲胧月

胧月原产墨西哥中部。

●**特征**：最常见的多肉之一，单株株幅10厘米，非常容易分枝。肥厚的叶片通常为淡粉或淡紫色，而灰白至淡棕灰则不常见。初夏时节会开出白色的花朵，高高地挂在伸长的花茎上。

●**养护**：给予充足的光照叶片才会肥厚，颜色才会艳丽，株型才会紧凑美观。夏季高温时遮阴控水。南方温暖的冬季不会休眠，可给予适当的水分。尤其在高温天气时，浇水不能让水长时间停留在顶端的新叶中。生长速度快，所以每季度应施缓效肥1次，每3~4年换更大的盆器重新栽种。

●**繁殖**：非常容易扦插成活。

姬胧月

Graptopetalum paraguayense 'Bronze'

养护难度：非常容易

生长速度：稍快

归　　类：普货

▲姬胧月

▲姬胧月

姬胧月原产墨西哥。

●**特征**：为多年生草本。与石莲花极为相似，但花是五星状，而非瓶状或钟状，所以归类于风车草属。叶片瓜子形，顶端极尖；叶色朱红带褐色，表面带有白粉。叶片交互生长，排成延长的莲座状。开黄色花朵。

●**养护**：春秋型种，喜阳光充足、温暖干燥的环境。生长期需充足的阳光，控制浇水，掌握干透浇透的原则。每20天左右施1次薄肥，宜在早上或傍晚进行，并浇透水。夏季高温时，放在通风良好的地方，并适当遮阴，节制浇水施肥，可适当进行叶面喷水降温。冬季勿放在温度低于5℃的地方，并控制浇水，停止施肥。

●**繁殖**：以扦插为主，也可分株繁殖。

养护关键要素：

	春	夏	秋	冬
水分		控水		少水
温度				≥5℃

秋丽

Graptosedum ‘Francesco Baldi’

▲秋丽　▲秋丽

秋丽是胧月与乙女心的杂交园艺品种。

●**特征**：绿色细长的叶片正面平滑圆润，背面有突起的中线，带有少量的白粉。叶端较尖，总体较圆润，犹如船形。生长速度较快，茎干下部叶片干枯掉落后，逐渐形成老桩，接近土面的茎干易萌生侧芽，变为群生。春、秋和冬季在充足的光照下，叶尖和叶缘将慢慢泛橘红，甚至整个变粉红；有的叶子会变褐或粉紫。春季开出黄色的五瓣小花，伞形花箭。

●**养护**：在能保证充足的光照环境下，浇水可比较随意，干透后浇透或多给些水都没问题。炎热的夏季或寒冷的冬季时，要控水并适度减少浇水频率。盛夏遮阴，其余时节全日照。夏季温度超过35℃时应加强通风、节制浇水。冬季温度低于5℃，控制浇水，若温度再低则搬进室内越冬，且尽量选择向阳的室内。

●**繁殖**：枝插、叶插。

养护关键要素：

	春	夏	秋	冬
光照	全日照	遮阴	全日照	全日照
水分		控水		控水
温度		33℃进入休眠		

【小贴士】

常见品种还有姬秋丽和丸叶姬秋丽。

	秋丽	姬秋丽	丸叶姬秋丽
大小型态	大型	小型	小型
叶尖	较尖	较尖	近卵形

▲姬秋丽

▲丸叶姬秋丽

银天女

Graptopetalum rusbyi

养护难度：容易

生长速度：慢

归　　类：中档

▲银天女

▲银天女

银天女原产北美地区。

●**特征**：体型娇小，植株高6~12厘米。叶尖细长微红色，叶表具白蜡；叶片绿色，光照充足或昼夜温差大时变为暗紫色。春末夏初开花，从叶盘中抽出花箭，花开6瓣或7瓣，花瓣黄色散布红色斑点，渐渐到花瓣尖成红色。

●**养护**：春秋型种，喜全日照至半阴环境，喜排水良好的沙质土壤。可耐-1℃低温。浇水见干见湿。生长期需全日照。夏季休眠，通风遮阴，每个月浇水1~2次。冬季温度低于5℃逐渐断水，3℃以下保持盆土干燥，浇水避免淋湿叶片和株心。生长期每2个月施1次低氮含量的液肥。

●**繁殖**：砍头、枝插。叶插成功率很低，不常用。

养护关键要素：

	春	夏	秋	冬
光照		遮阴		
水分	见干见湿	控水	见干见湿	少水
温度		≤35℃		≥5℃

桃之卵

Graptopetalum amethysinum（别名：醉美人）

养护难度：容易

生长速度：稍快

归　　类：中档

▲桃之卵

桃之卵原产墨西哥，生于海拔2000米的岩石峭壁上。

●**特征**：主茎明显，常半木质化。叶肉质、卵圆形，叶柄不明显，叶面被白蜡，叶色灰绿、粉绿至粉红色。夏季开花，五芒星平瓣花型，从花瓣处枣红色向花心处黄色逐渐过渡。生长速度缓慢但株型紧实。日照充足时叶片表现为可爱的粉红色，像红透的桃子。

●**养护**：春秋型种，喜阳光充足及疏松肥沃、排水良好的沙壤土环境。夏季高温会休眠，要控水，并加强通风，适当遮阴以防叶片灼伤。生长期需要足够的水，每月浇水2~5次，每2个月施入氮肥含量低的液肥。冬季可耐受−2℃低温，但应注意保暖，温度尽可能保持在10℃以上，同时控水，保持盆土干燥以便顺利越冬。

●**繁殖**：枝插、叶插、播种。

养护关键要素：

	春	夏	秋	冬
光照		适当遮阴		
水分		控水		控水
温度				≥10℃

蓝豆 *Graptopetalum pachyphyllum*

养护难度：较难
生长速度：慢
归　　类：中档

▲蓝豆

蓝豆原产墨西哥东北部到中东部1900~2300米的高海拔地带。

●**特征**：株型矮小。叶片长圆形，先端微尖，叶面光滑微被白粉，环状对生。在强光与昼夜温差大或冬季低温时叶片会呈现出美丽的蓝白色，叶尖常年有轻微红褐色。簇状花序，花白红相间，五角形。

●**养护**：四季中除了夏季要注意适当遮阴以外，其他季节均需要充足的光照，使其株型紧实美观。夏季高于35℃会休眠，应适当遮阴，控水或不浇水。浇水见干见湿，避免将水浇在叶片上。每季度可施用1次长效肥。生长速度较慢，每2~3年换盆1次。

●**繁殖**：叶插、枝插、砍头。

养护关键要素：

	春	夏	秋	冬
光照		遮阴		
水分		少水		少水
温度		≤35℃		

▲蓝豆

白牡丹

Graptoreria 'Titubans'

- 养护难度：非常容易
- 生长速度：稍快
- 归　　类：普货

▲白牡丹

白牡丹是景天科风车草属胧月与石莲花属静夜的杂交品种。

●**特征**：中小型多肉，有健壮的肉质茎叶，易长侧枝，侧枝生长也较迅速。肉质叶卵圆形，先端微尖，叶片互生排列在短缩的茎上呈莲座状，叶色灰白至淡粉色，全株被白粉。春季开出金黄至橙黄色倒钟形小花。

●**养护**：喜阳光充足的环境。浇水掌握见干见湿的原则，避免叶片淋水。春、秋两季是生长期，需全日照。夏天轻微休眠，注意通风、遮阳，适当控水即可。冬天低温时要控水防霜冻。

●**繁殖**：叶插、枝插。四季皆可进行繁殖，但以春季为宜。

养护关键要素：

	春	夏	秋	冬
光照	全日照	适当遮阴	全日照	
水分	见干见湿	适当控水	见干见湿	控水
温度				≥3℃

黛比

Graptoreria 'Dibea'

养护难度：非常容易

生长速度：稍快

归　　类：中档

▲黛比

黛比为风车草属与石莲花属的属间杂交品种。

●**特征**：肉质叶片长匙形，具叶尖，粉红色，有白粉，呈莲座状。花期冬春季，花朵浅红色。对水分敏感，水多、光照不足徒长且叶片变粉蓝色。

●**养护**：喜光照充足，通风好的环境。春秋季为生长期，需全日照，浇水见干见湿即可。夏季高温天气，应避免正午直射光，可在傍晚浇水。秋冬季节，叶片红色会加深。冬季保持温度10℃以上，适当控水。

●**繁殖**：叶插、枝插。

养护关键要素：

	春	夏	秋	冬
光照	全日照	适当遮阴	全日照	
水分		控水		控水
温度				≥10℃

黑王子 *Echeveia* ‘Black Prince’

养护难度：非常容易

生长速度：稍快

归　　类：普货

▲黑王子

黑王子是人工选育品种。

●**特征**：具短柄茎，叶片稍厚，匙形，顶端有小尖。阳光充足的条件下，叶片紧凑，成标准的莲座状，颜色呈高贵而神秘的黑紫色；如果光线不足，靠近短柄茎的部分叶片就会由黑转绿，并且植株严重变形。聚伞花序，小花红色或紫红色。

●**养护**：喜温暖、干燥和阳光充足的环境，盛夏是其休眠期，要将其放在通风良好、能避免长期雨淋、适当遮阴的环境中，并且不要施肥、节制浇水。春秋和夏初是其生长期，需要充足的阳光和养分，过量的氮肥和半阴的环境会使其叶色变淡或变绿。冬季温度高于10℃能继续生长，可正常浇水但不施肥。

●**繁殖**：枝插（砍头）、叶插、播种、组培。

养护关键要素：

	春	夏	秋	冬
光照		少量遮阴		
水分		见干见湿		
温度				≥10℃

大和锦

Echeveia purpsorum

养护难度：非常容易

生长速度：稍快

归　　类：普货

▲小和锦

▲大和锦

大和锦原产墨西哥。

●特征：叶片呈三角卵形，叶背鼓起呈龙骨状，先端急尖，排列成紧凑、标准的莲座状。正常情况下叶色灰绿，布满美丽的红褐色斑纹；在光照充足、低温或昼夜温差大的环境下，叶缘会转为红褐色，红褐色的斑纹也更加明显。花期晚春，花红色。生长速度很慢，不容易徒长，同时也不容易形成老桩。名字中虽有“锦”字，但不是因为出锦。其同类的出锦品种是大和之光（*Echeveria purpsorum* ‘variegata’）。

●养护：喜阳光充足、温暖、通风良好的环境。盛夏休眠期，应放于通风良好、能避免长期雨淋、适当遮阴的环境中，并且不要施肥、节制浇水。春秋和夏初是其生长期，需要充足的阳光和养分，过量的氮肥和半阴的环境会使其斑纹变淡或变绿。冬季能够耐受5℃以上温度。

●繁殖：枝插（砍头）、叶插、种子繁殖。

养护关键要素：

	春	夏	秋	冬
光照		少量遮阴		
水分		适当控水		
温度		≤30℃		≥5℃

▶厚叶草属

白美人

Pachyphytum oviferum（别名：星美人）

养护难度：非常容易

生长速度：稍快

归　　类：普货

▲白美人

白美人原产墨西哥中部，是较早引入中国的多肉。

●**特征**：喜富含矿物质、排水良好的土壤，喜阳光充足的环境。主茎明显。肉质叶长圆形，先端圆钝，基部较小无柄。叶色碧绿，叶片互生，疏散排列成莲花状，易形成群生的状态。花期夏季，花朵倒钟形，串状排列，猩红色。

●**养护**：耐旱，稍耐阴，不耐寒，忌阴湿和高温闷热。夏季注意适当遮阴，加强通风，适当减少浇水，以防植株腐烂。冬季要求冷凉，维持温度在5℃以上，并控水、控肥。春秋季保持盆土湿润无积水，每20~30天施1次稀薄肥，每1~2年春季换盆1次。

●**繁殖**：枝插、叶插。

养护关键要素：

	春	夏	秋	冬
光照		适当遮阴		
水分		控水		控水
温度				≥5℃

【小贴士】

白美人属于美人系肉肉，因身披白粉，被称为白美人。此外，它还因叶多如繁星而得名星美人，其实通常一个枝条仅具15片叶子左右。

白美人、青星美人、桃美人的区别

白美人与桃美人外形较为相似，但是桃美人的叶片更为圆厚，叶尖有一个小红点，并且在充足的光照和较大的温差下，叶色会呈粉红色，而白美人的叶片会相对狭长，基本是不会变色的，常年表现为蓝绿色。青星美人的叶片更为细长，叶尖明显，且容易泛红。

青星美人

Pachyphytum 'Qingxinmeiren'

养护难度： 非常容易

生长速度： 稍快

归　　类： 普货

▲青星美人

青星美人原产墨西哥中部。

●**特征：** 有短茎，排列为近莲座状，叶片肥厚、匙型、较细长，叶缘圆弧状，叶片光滑、有微量白粉，叶色翠绿。若阳光充足，叶片边缘和叶尖会发红；若弱光则叶色浅绿，叶片变窄且长，叶易徒长拉长。

●**养护：** 喜温暖、干燥和光照充足的环境，耐旱性强，喜疏松、透气的土壤。冬季温暖、夏季冷凉的气候条件下生长良好，无明显休眠期，可全日照。夏天需通风遮阴，适当控水。冬天注意控水，种植环境温度不低于-3℃。开春给水要循序渐进，否则可能出现烂根。

●**繁殖：** 叶插繁殖。

养护关键要素：

	春	夏	秋	冬
光照		遮阴		
水分		控水		控水
温度		无明显休眠期		-3℃休眠

桃美人

Pachyphytum oviferum ‘Momobijin’

▲桃美人

▲桃美人

桃美人原产墨西哥。

●**特征**：具有粗大的木质茎，叶片呈倒卵形至卵形，叶背圆凸，正面较平，顶端平滑圆钝，轻微的钝尖不明显。叶色灰绿色至粉红色，因叶表覆盖白粉，使得叶色更添朦胧美感。花期夏季，花序较矮，花朵倒钟形、红色。

●**养护**：无明显休眠期，除夏季高温外，其他季节可全日照。夏季注意通风遮阴，适当控水。越冬温度不低于−3℃，并注意适当控水，翌年春季给水要循序渐进，以防烂根。为使株型漂亮，可砍头促进侧芽生长。

●**繁殖**：播种、分株、枝插和叶插。

养护关键要素：

	春	夏	秋	冬
光照	全日照	遮阴	全日照	全日照
水分	干透浇透	控水	干透浇透	控水
温度		35℃进入深度休眠		保持5℃以上

东美人
Pachyveria pachyphytoides

养护难度：非常容易
生长速度：稍快
归　　类：普货

▲东美人

东美人为人工选育品种。

●**特征**：叶倒卵形，叶背鼓起似龙骨，有叶尖，叶面有白粉，互生排列成莲座状。光照充足时，叶片呈粉红色。花期夏季，簇状花序，五角星形的粉红色花朵渐次开放，分外美丽。

●**养护**：喜温暖干燥和阳光充足的环境，最适生长温度18~25℃，生长的季节适量浇水即可，南方夏季湿热要保持良好通风、适当遮阴和控制浇水，每个月施一次肥即可。越冬温度不低于10℃。

●**繁殖**：枝插、叶插。

▲东美人锦

养护关键要素：

	春	夏	秋	冬
水分		控水		控水
温度		≤25℃		≥10℃

▶瓦松属

子持莲华

Orostachys boehmeri（别名：子持年华）

养护难度：非常容易

生长速度：稍快

归　　类：普货

▲子持莲华

子持莲华原产日本。

●**特征**：叶片绿色，倒卵形，多数聚生成莲座状。基部抽生出很多的走茎、侧芽。冬季休眠时叶片紧紧收缩在一起，被外层干枯的叶片包裹着，像一个个含苞待放的玫瑰花蕾。主芽成熟后，会抽生花箭，开出白色的花朵，结出种子后就完成了其生命周期。

▲子持莲华锦

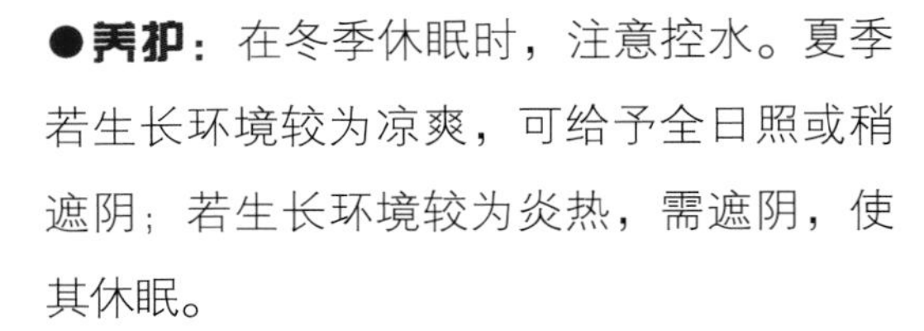

●**养护**：在冬季休眠时，注意控水。夏季若生长环境较为凉爽，可给予全日照或稍遮阴；若生长环境较为炎热，需遮阴，使其休眠。

●**繁殖**：分株繁殖为主。

养护关键要素：

	春	夏	秋	冬
光照		适当遮阴		
水分		见干见湿		少水
温度		≤30℃		≥0℃

▶青锁龙属

巴 *Crassula hemisphaerica* 'Variegata'

养护难度：容易

生长速度：稍快

归　　类：普货

▲巴

巴原产南非。

●**特征**：具短茎，基部易生侧芽。半圆形肉质叶片交互对生，上下交叠呈“十”字形排列；叶面深绿色、有光泽，因密生白色细小疣突而略显粗糙，顶端有椭圆形尖头；叶片全缘，具白色微毛。花期春季，花白色。

●**养护**：喜凉爽干燥和阳光充足的环境，夏季高温休眠。生长适温15~25℃，冬季不低于5℃，生长期浇水干透浇透；夏季休眠期注意通风，适度遮阴，控制浇水。生长期可施用1次长效肥。

●**繁殖**：分株和扦插繁殖。可结合换盆进行分株，也可在生长季节将侧生的幼芽剪下扦插，容易生根。

养护关键要素：

	春	夏	秋	冬
光照		适当遮阴		
水分		控水		干透浇透
温度				高于5℃安全越冬

火祭

Crassula capitella 'Campfire'（别名：秋火莲）

养护难度： 非常容易

生长速度： 稍快

归　　类： 普货

▲火祭

▲火祭

火祭原产非洲南部。

●**特征：** 植株丛生，具分枝，叶片肉质螺旋桨状，交互对生，排列紧密。叶片成熟过程中叶色由浅绿色变为亮红色。其匍匐生长可形成垫状。不耐寒，-1℃会导致叶片损伤，充足的光照和较大的昼夜温差会使叶色鲜亮。花期夏季，花白色。

●**养护：** 喜阳光充足的环境，喜排水、透气性良好的沙质土壤。夏季高温会出现短暂的休眠，应控水和适当遮阴；冬季安全越冬温度为5℃。每1~2年春季换盆1次。日常养护需及时修剪，以控制高度并促使基部萌发新枝，维持优美株型。

●**繁殖：** 嫩枝扦插繁殖。

养护关键要素：

	春	夏	秋	冬
光照		少量遮阴		
水分		控水		
温度				≥5℃

钱串景天

Crassula perforata（别名：串钱景天、星乙女）

养护难度：非常容易

生长速度：稍快

归　　类：普货

▲钱串景天

钱串景天原产南非。

●**特征**：丛生，具细小分枝，茎肉质，老时稍木质化。肉质叶灰绿至浅绿色，叶缘稍具红色，阳光充足、昼夜温差较大的条件下叶色更鲜艳。叶片卵圆状三角形，无叶柄，叶基连在一起，幼叶上下叠生，老叶上下之间有少许的间隔。花期仲春，花小，白色。

●**养护**：冬型种，喜阳光充足和凉爽、干燥的环境，耐半阴，怕水涝，忌闷热潮湿。生长期应给予充足的光照，以确保株型紧凑美观。夏季高温休眠时注意通风、控水和适当遮阴。冬季安全越冬温度5℃。每15天左右施1次腐熟的稀薄液肥。生长速度较快，应每1~2年修剪1次，以控制植株高度20厘米左右。

●**繁殖**：枝插和叶插。

养护关键要素：

	春	夏	秋	冬
光照		遮阴		
水分		适当控水		
温度				≥5℃

若绿 *Crassula muscosa*

养护难度： 非常容易

生长速度： 稍快

归　　类： 普货

▲若绿

▲若绿夏季高温变黄

养护关键要素：

	春	夏	秋	冬
光照		适当遮阴		
水分		控水		控水
温度				≥5℃

若绿原产南非。

●**特征：** 肉质亚灌木，丛生，茎细、易分枝。叶鳞片状三角形，在茎上排列成四棱形，排列松散。盛夏季节会在叶腋处开出黄绿色小花。

●**养护：** 喜阳光充足、冷凉、干燥的环境，怕水涝，不喜闷热潮湿。9月至翌年6月是其生长期。当光照不足时会徒长，而阳光充足时株型矮壮，茎节之间排列紧凑。生长期需保持土壤湿润，避免积水，冬季基本断水；夏季高温时放置于通风良好的地方，且适当遮阴、控水。需经常修剪，以保持株型。

●**繁殖：** 可通过砍头扦插的方式来繁殖新的植株。

番杏科

雷童

Delosperma echinatum（别名：刺叶露子花）

养护难度：非常容易

生长速度：稍快

归　　类：普货

▲雷童

雷童原产南非干旱的亚热带地区。

●**特征**：多年生肉质草本，二歧分枝，老枝浅褐色，新枝淡绿色，有白色突起。叶长卵圆形，暗绿色，叶面布满白色、半透明的肉质刺。全年都会开花，单生，有短梗，花白色或淡黄色。

●**养护**：喜干燥、通风良好、阳光充足的环境，耐半阴和干旱，忌积水。生长期要保持盆土干燥，适当控水，每月施一次稀薄的复合肥液。夏季可以不遮阴，冬季控制浇水。生长速度较快，要及时修剪，以保持株型。

●**繁殖**：扦插、播种法繁殖。

养护关键要素：

	春	夏	秋	冬
水分		控水		控水
温度	适宜温度15～25℃			≥5℃

天女扇

Titanopsis hugo-schlechteri

养护难度：容易

生长速度：稍快

归　　类：普货

▲天女扇

天女扇原产南非西南部的石灰岩地区。

●**特征**：株型矮小，贴地丛生，莲座叶盘。叶肉质肥厚，匙形，水平伸展，先端宽而厚，近似三角形，淡绿色密被灰色或淡红褐色凸起的小疣，强光下叶片变为金黄色。冬季开出黄色或橙黄色花，单生，有短花梗。白天有太阳时花朵开放，夜晚闭合。

●**养护**：较耐晒，也耐旱，对土壤要求不严，以透水透气为主。夏季适当遮阴，或将其放在明亮、通风的散射光处，适当控水，避免将水浇到植株上，忌高温高湿。秋天随着温度下降逐渐增加给水量。叶片稍微萎蔫是应给水的标志。冬季温度低时保持干燥，温度10℃以上时可正常管理。

●**繁殖**：播种为主，也可分株。

养护关键要素：

	春	夏	秋	冬
光照	全日照	适当遮阴或散射光下		全日照
水分	见干见湿	少水	见干见湿	干燥
温度				≥-3℃

碧光环
Monilaria obconica

养护难度：容易
生长速度：慢
归　　类：中档

▲碧光环

碧光环原产南非。

●**特征**：叶表面有半透明的颗粒感，晶莹剔透。两片圆柱形的叶子，在生长初期像兔耳，非常可爱，长大后叶子会慢慢变长变粗，缺水时容易耷拉下来。具枝干，易群生。

●**养护**：喜温暖和散射光充足的环境，较耐寒，忌强光暴晒，夏季高温休眠明显。休眠期十分耐旱，生长期又可大水养护。生长适温15~25℃，温度超过35℃进入休眠。休眠期萎缩干枯，此时不需要浇水，以安全度夏。安全越冬温度为5℃。根系很发达，可以选用深点的盆器。

●**繁殖**：最适合播种繁殖。

养护关键要素：

	春	夏	秋	冬
光照		遮阴		
水分	大水	控水	大水	
温度		≤35℃为宜		≥5℃

五十铃玉

Fenestraria aurantiaca

养护难度：较难

生长速度：稍快

归　　类：普货

▲五十铃玉

五十铃玉原产南非。

●**特征**：由多个棒状的叶片密生成丛组成的个体。叶片顶端粗平，灰绿色；下面尖细，稍带红色；在叶面上有凸起的透明小点。花期9~12月，小花金黄色。

●**养护**：喜温暖、干燥、阳光充足的环境，很耐干旱。秋季到翌年春季是生长旺季，每天有5个小时的直射阳光就足够。夏季（特别是华南地区）应置于通风处，以防止因高温高湿而烂心死亡。当叶面萎缩，就可以用浸盆同时叶面喷水的方式补充水分。每隔2个月施1次薄复合肥液。

●**繁殖**：播种、分株繁殖。

养护关键要素：

	春	夏	秋	冬
光照		少量遮阴		
水分		少水		少水
温度		≤30℃		≥5℃

▲五十铃玉

鹿角海棠

Astridia velutina（别名：熏波菊）

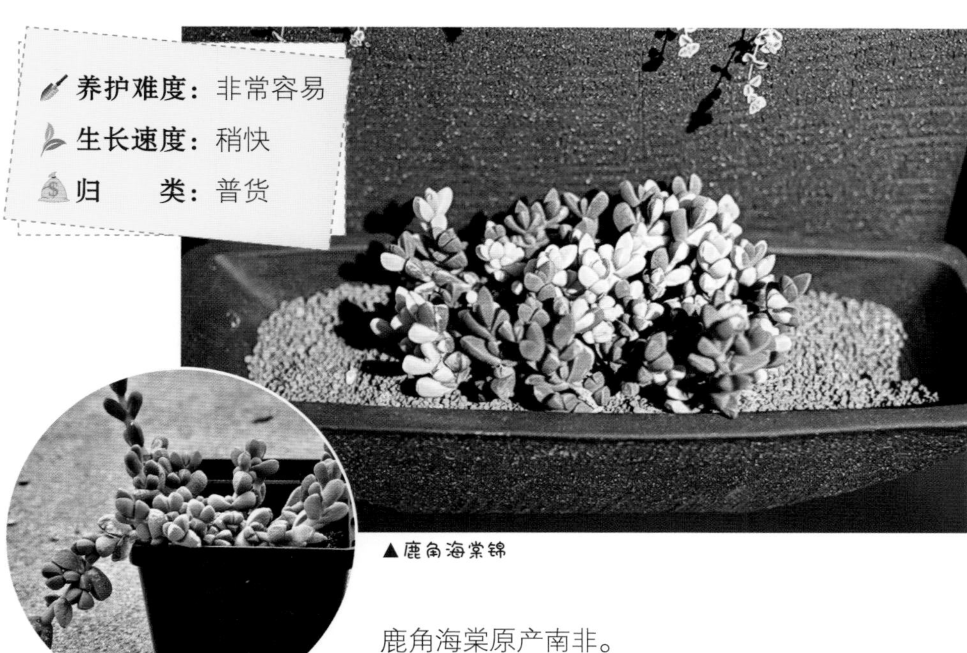

养护难度：非常容易

生长速度：稍快

归　　类：普货

▲鹿角海棠锦

▲鹿角海棠

鹿角海棠原产南非。

●特征：多年生常绿草本，分枝多，呈匍匐状。肉质叶片交互对生，有三条棱，无柄；两个叶片如同合在一起，就像一个个绿色的“元宝”，非常特殊。花有白、黄、红和淡紫等颜色。

●养护：喜温暖干燥、阳光充足的环境，不耐寒，耐干旱，怕高温。春、秋季是其生长期，要保持盆土湿润和一定的空气湿度；每半个月次施肥1次。夏季处于半休眠状态，应注意遮阴，保持盆土稍微湿润。生长要求肥沃、疏松的沙壤土。冬季安全越冬温度10℃以上。

●繁殖：主要通过扦插和播种的方式繁殖。挑选比较木质化的枝条（嫩枝不易扦插成活），剪下后晾几天，扦插在松软的土壤中即可。

养护关键要素：

	春	夏	秋	冬
光照		少量遮阴		
水分		控水		
温度				≥10℃

少将

Conophytum bilobum

养护难度： 容易

生长速度： 慢

归　　类： 中档

▲少将

少将原产南非和纳米比亚。

●**特征：** 无明显主茎，扁心形肉质叶片对生，顶部有鞍形中缝，两叶先端钝圆。叶色浅绿色至灰绿色，顶端略红色。花期秋季，花黄色。

●**养护：** 喜冷凉但又不耐寒，喜温暖、干燥和散射光充足的环境，耐干旱和半阴，忌积水。生长适温为18~25℃，生长期每月施薄肥1次，冬季保持10℃以上温度；夏季高温休眠，宜放在通风良好处，适当遮阴，停止施肥并控制浇水。生长缓慢，且群生更易养护，每3~4年换盆1次即可。

●**繁殖：** 播种、分株均可，皆在秋季进行。分株可结合换盆进行。

▲少将开花

养护关键要素：

	春	夏	秋	冬
光照		适当遮阴		
水分		适当控水		
温度	18～25℃为宜			10～12℃

帝玉
Pleiospilos nelii

养护难度：容易
生长速度：慢
归　　类：中档

▲帝玉

帝玉原产南非。

●**特征：**无茎，只有肉质卵形叶交互对生，基部联合，像个元宝。叶外缘钝圆，表面较平展，背面凸起，灰绿色，有许多透明的小斑点。新叶长出后下部老叶皱缩枯干，一般保持着1~3对对生叶。花期春季，花橙黄色，具短梗。

●**养护：**喜温暖干燥和阳光充足的环境，耐干旱，忌阴湿。生长适温18~24℃，最低可耐-5℃低温。夏季温度高于30℃且光照过强会使其进入休眠，需遮阴，并严格控制浇水。生长期内需水量相对较少，冬春季节长新叶时尤其不要过量浇水。其根系发达，请选择深度大于10厘米的盆器。

●**繁殖：**播种繁殖为主，也可分株繁殖。

养护关键要素：

	春	夏	秋	冬
光照		少量遮阴		
水分		控水		
温度		≤30℃为宜		10～12℃为宜

生石花类
Lithops sp.

▶生石花

生石花类原产非洲南部。

●特征：形态似石头，在原产地的砾石中很难被发现，这被称为“拟态”。叶子肥厚圆润，由于种类繁多，拥有许多独特的形态和色彩斑斓的颜色，主要是根据叶子顶面（窗）的纹路来划分的。

●养护：一般在春季开始蜕皮期。根据品种的不同及各地环境的差异，脱皮期有长有短，此时应停止浇水，让新的叶子充分吸收老叶的养分，使之干枯褪去。夏季高温时生长缓慢或完全停止，应在通风良好的条件下给予适当的光照，需要等基质完全干透后浇少量的水。休眠后要避免阳光直射，控水或断水，尽量让其在干燥的环境下休眠。秋季是其主要生长期，也是花期，需充足阳光。如果光照不足，会使植株徒长，顶端的花纹不明显，且难以开花。浇水应观察叶子皱缩时再浇，如果根系生长良好，就会很快恢复到圆润的样子。通过控水和加强光照，可以使其颜色变得更加艳丽，纹路变得更加清晰。

●繁殖：最适合播种繁殖，播种后不用覆土，一般一个星期左右发芽。

养护关键要素：

	春	夏	秋	冬
光照		适当遮阴		
水分		少水		少水
温度				≤0℃需放入室内

【小贴士】

●荒玉 *Lithops graeilidelineata*

常见开黄花，但也存在少数白花荒玉和极少数的红花荒玉。荒玉属于生石花中的大型种，因此少见分头，单头最大可到5厘米左右。荒玉是适应性较强的品种，喜光喜水，夏天休眠特征不明显。成年后的荒玉纹路凹凸明显，形成核桃一样的脑花质感。

●日轮玉 *Lithops aucampiae*

生石花中最强健的品种之一，耐旱、耐涝、耐阴，不易徒长。开黄花，为中到超大型种，超大型品种单头直径可超过5厘米。表面纹路轻微下陷，但不形成沟槽。既有适合入门新手的高性价比品种，也有热门的“贵族”品种。

●曲玉 *Lithops pseudotruncatella*

一个很有观赏价值的品种，颜色和纹路形态丰富。颜色有粉色、红色、棕色、淡绿色、白色，一些品种窗面上还会有暗点存在。纹路主要是无纹-碎网纹-网纹的变化、树枝纹和无规则分布短线。从小苗长成成株的过程中，叶缝会从中心的一个洞开始逐渐拉长，最后分开，但也有叶缝还是一个洞时就已成年开花的。主要都是中大型种，个别是超大型种。

●镇魂石 *Lithops hybrid* cv. *Talisman*

镇魂石为曲玉和荒玉的杂交品种。

●红大内玉 *Lithops optica* 'Rubra'

圆柱状，中裂明显，新叶露出旧叶时为绿中泛水红色，并有金属般光泽。长时间在充足光照下，叶色逐渐转红。老叶脱落后，株体深红发紫，晶莹剔透，酷似红玉，故名红大内玉。

▲荒玉

▲日轮玉

▲曲玉

▲镇魂石

▲红大内玉

玉露类

Haworthia spp.

▲玉露

玉露类原产南非。

●**特征**：植株初为单生，以后逐渐呈群生状。肉质叶呈紧凑的莲座状排列，叶片肥厚饱满，翠绿色，上半段呈透明或半透明状，称为“窗”，有深色的线状脉纹。在阳光较为充足的条件下，其脉纹为褐色，有的品种叶顶端具有细小的“须”。总状花序松散，小花白色。

●**养护**：喜光照充足且稍微湿润的凉爽半阴环境，主要生长期在春秋季，耐干旱，不耐寒，忌高温潮湿和烈日直射，怕荫蔽，也怕土壤积水。空气干燥时可向植株及周围喷水，保证株型紧凑、叶片饱满、“窗”更透明，但浇水原则为见干见湿。夏季高温季节可将花箭自基部拔除。越冬温度10℃左右。玉露类养护存活容易，但护型难。

●**繁殖**：叶插、分株和播种。

养护关键要素：

	春	夏	秋	冬
光照	散射光	适当增加遮阴	散射光	
水分	干透浇透，增加空气湿度	控水，通风降低空气湿度	干透浇透	
温度				≥10℃

▲帝玉露

▲草玉露

▲潘氏冰灯玉露

▲藤乙玉露

▲糯玉露（玉露和寿的杂交种）

玉扇类

Haworthia spp.（别名：截形十二卷）

养护难度：容易

生长速度：缓慢

归　　类：贵货

▲ 玉扇

玉扇类原产非洲南部。

●**特征：**无茎干，肉质叶排成两列呈扇形，叶片直立，稍向内弯，顶部略凹陷。叶表粗糙，绿色至暗绿褐色，有的有小疣状突起，新叶的截面透明、灰白色。不同品种的叶片截面上会出现不同的透明状花纹。花纹大多为白色，绿色的花纹非常稀有、珍贵。花筒状，白色。

●**养护：**喜凉爽，喜充足而柔和的阳光，耐干旱与半阴，忌阴湿，不耐寒，怕高温。春、秋季生长期应给予充足光照，以使株型紧凑，并保持空气湿润，使“窗”透明度高，花纹清晰。夏季高温时会进入休眠或半休眠状态，要将其放在通风、凉爽处，避免烈日暴晒，并适当控水。冬季给予充足光照，10℃以上可正常浇水，温度更低则要控制浇水让其进入休眠。每年春季或秋季换盆1次，由于其根系发达，请选用较深的花盆。同玉露类一样，养护存活容易护型难。

●**繁殖：**分株、根插、叶插和播种。

养护关键要素：

	春	夏	秋	冬
光照	散射光	适当增加遮阴	散射光	
水分	见干见湿，增加空气湿度	适当控水，通风降低空气湿度	见干见湿	
温度				≥0℃

寿 *Haworthia retusa*（别名：透明宝草）

养护难度：容易

生长速度：缓慢

归　　类：因寿的园艺种、杂交种、变异种极多，而有部分变异种的叶片会出现黄斑，如寿锦、斑锦等，较其他品种更稀有美丽。这么多的品种，其价格也由几十元甚至到几千元都有。不过株型端正、叶片肥厚、纹理越清晰尤其是“窗”的透明度越高的品种，其价格越是昂贵。

▲星影寿

寿原产非洲南部。

●**特征：**植株矮小，短而肥厚的叶螺旋状生长在缩短的茎上，俯视如莲座。叶片呈半圆柱形，顶端有一个平而透明的三角形截面，截面上有脉纹明显的“窗”。花梗长，小花筒型白色。这一类的品种极多，外形差异不大，叶色有绿色或褐色，叶缘或有刺，叶片大小、脉纹，“窗”的大小和透明度也有一定的差异。

●**养护：**喜温暖、干燥、半阴的环境，不耐寒，怕高温和强光。要求疏松、排水良好的沙壤土。生长适宜温度为15～25℃，冬季温度要高于10℃才能保持良好株型。根系较浅，种植土以排水好的腐叶土和粗沙混合为好。冬至初夏、秋季是其生长期，要将其放在散射光充足的地方，见干见湿，不能积水；空气过于干燥时，可喷水增加空气湿度，使叶片充实饱满；每半个月浇一次稀释的液态肥，或可用干牛粪加工的颗粒状有机肥。夏季高温时，生长缓慢或停止，需放置在通风、凉爽的地方，保持盆土干燥，严格控制浇水，避免积水，防止高温高湿导致腐烂、死亡。若光线不足，易徒长，盛夏光线过强时应适当遮阴。

●**繁殖：**主要用分株、扦插、播种繁殖。

▲蚕丝寿

▲红纹寿锦

▲三仙寿

养护关键要素：

	春	夏	秋	冬
光照	散射光	适当增加遮阴	散射光	
水分	见干见湿，增加空气湿度	适当控水，通风降低空气湿度	见干见湿	
温度				≥0℃

万象

Haworthia maughanii（别名：毛汉十二卷、象脚草）

养护难度： 较难

生长速度： 缓慢

归　　类： 贵货

▲万象

万象原产南非。

●**特征：** 肉质叶片半圆筒状，表面粗糙，顶端截形，截形面常有透明“窗”，酷似倒立的象腿。叶片从支柱基部斜向上伸，排成松散的莲座状。在春夏季，会抽出20厘米高的花序，上面有8~10朵白色花瓣、绿色中脉的小花。

●**养护：** 喜凉爽、干燥、光照充足而柔和的环境，但怕积水、酷热，不耐寒。在其生长季节，要保持盆土微湿、光线充足。冬季将其放在阳光充足的室内，保持盆土干燥，微量供水即可。生长缓慢，从小苗到成株需要6~8年。在栽植期间，有时叶片会出现萎缩或停止生长现象，原因有可能是夏季休眠，这就要保持盆土的适度干燥、盆边给少量水；也可能是根系干枯坏死，这就要及时将植株从土中取出，清除腐坏的根叶，用砍头的方式重新栽植。爆盆或每年秋季可翻盆1次。

●**繁殖：** 可以通过播种繁殖，也可以砍头或叶插。授粉时，必须是异株或属间杂交授粉才能成功。

养护关键要素：

	春	夏	秋	冬
光照	散射光			
水分		微量		微量
温度				≥0℃

琉璃殿 *Haworthia limifolia*

养护难度：容易
生长速度：慢
归　　类：普货

▲琉璃殿

【小贴士】

琉璃殿和条纹十二卷都是十二卷属硬叶类的代表，而玉露、玉扇、寿则是软叶类的代表。

养护关键要素：

	春	夏	秋	冬
光照	明亮散射光			
水分	干透浇透			
温度				≥5℃

琉璃殿原产南非。

●**特征**：莲座状叶盘直径可达10厘米，约由20枚叶片按照一个方向偏转排列。叶卵圆状三角形，先端急尖，正面凹、背面凸，有明显的龙骨突。叶深绿色，白色瘤状突起组成的横条排列在叶表，酷似一排排的琉璃瓦。花白色，有绿色中脉。

●**养护**：喜温暖干燥和阳光充足的环境，较耐寒，耐干旱和半阴。生长期白天适宜温度为24~26℃，忌强光暴晒。以肥沃、疏松的沙壤土栽种为宜，并注意选用大些的盆器。耐寒，对夏季闷热天气也有抵抗力。每3~4年换盆1次。

●**繁殖**：分株、叶插或萌蘖芽扦插繁殖。

条纹十二卷

Haworthia fasciata（别名：锦鸡尾、条纹蛇尾兰）

养护难度：容易

生长速度：稍快

归　　类：普货

▲条纹十二卷

养护关键要素：

	春	夏	秋	冬
光照	明亮散射光			
水分	干透浇透			
温度				≥5℃

条纹十二卷原产非洲南部热带干旱地区。

●**特征**：体型较小，无茎，叶片紧密轮生在茎轴上，呈莲座状。叶片三角状披针形，先端锐尖呈剑形；叶表光滑，深绿色；叶背绿色，具较大的白色瘤状突起，排列成横条纹，与叶面的深绿色形成鲜明的对比。花期夏季，总状花序，小花绿白色。

●**养护**：喜温暖干燥和阳光充足的环境，生长适温为16~20℃，耐干旱，要求排水良好、营养丰富的土壤。生长期为春、秋两季，需保持盆土湿润，每月施肥1次。夏季高温进入短暂休眠，应适当遮阴，或置于柔和的散射光下，并控水，保持盆土干燥。冬季最低温度不低于5℃。由于其根系浅，以浅栽为好。

●**繁殖**：分株繁殖为主，培育新品种时可采用播种繁殖。

卧牛

Gasteriea armstrongii

养护难度：较难

生长速度：缓慢

归　　类：贵货

▲卧牛

卧牛原产南非。

●**特征**：幼年时叶片两列叠生，舌状肉质叶片先端有尖，叶片具小疣。成年以后，叶片排列成莲座状，叶片绿色或墨绿色，稍有光泽，叶尖背面有明显的龙骨突，部分叶表面小疣脱落。花小筒状下垂，上绿下红。

●**养护**：喜温暖干燥的环境，适合在充足而柔和的阳光中生长。不耐寒，怕水涝，耐干旱和半阴。春、秋季为生长旺盛期，需充足的光照。生长缓慢，对土壤肥料的要求不高。夏季控水，并适当遮阴、加强通风。冬季放在室内阳光充足处，保持盆土稍湿润，维持5~12℃。每2~3年换盆1次。

●**繁殖**：分株或萌蘖扦插繁殖。

【小贴士】

卧牛锦是卧牛的斑锦变品种，以生长缓慢著称。

▲卧牛锦

▲卧牛锦

养护关键要素：

	春	夏	秋	冬
光照		柔和散射光		
水分	见干见湿	适当控水	见干见湿	保持湿润
温度				≥5℃

乌羽玉

Lophophora williamsii（别名：僧冠掌）

- 养护难度：容易
- 生长速度：慢
- 归　　类：贵货

▲乌羽玉锦

▲乌羽玉

【小贴士】有毒的仙人掌——乌羽玉

它是仙人掌家族中的经典种类，肉质柔软、形态奇特，具有很高的观赏价值。特别是其植株内含有一种生物碱，服用后可使人产生快感和美妙的幻觉，因此被称为有毒的仙人掌。

乌羽玉原产墨西哥中部和美国南部。

●**特征**：小型无刺仙人掌，茎扁球形或球形，球体柔软，表皮暗绿色或灰绿色，具有8~10条棱，垂直或螺旋状排列，几乎没有棱沟；顶部多生灰白色绒毛，刺座有白色或黄白色绵毛。花期3~5月，小花钟状或漏斗形，淡粉红色至紫红色。浆果棍棒状，粉红色。

●**养护**：喜温暖、干燥和阳光充足，怕积水，耐干旱和半阴，要求有较大的昼夜温差。生长期春秋季，保持土壤湿润即可，每月施1次腐熟的稀薄有机液肥至土壤中，切忌将肥水溅到球体上。夏季高温时生长缓慢，应增加通风、适当遮光。冬季置于室内阳光充足处，夜间最低温度在10℃左右植株进入休眠。

●**繁殖**：播种、嫁接和子球扦插。

养护关键要素：

	春	夏	秋	冬
光照	全日照	少量遮光	全日照	
水分	见干见湿	适当控水，注意通风，降低空气湿度	少水	根据温度来浇水
温度				≥5℃可安全越冬

兜 *Astrophytum asterias*

养护难度：较难

生长速度：慢

归　　类：贵货

▲兜

▲兜开花

兜原产美国南部和墨西哥。

● **特征**：无针，茎为球形、圆柱形或扁球形，表面一般具7~10棱，以8棱居多，棱背中央分布着绒球状的刺座，并星散分布着白色丛卷毛（星）。花期3~5月，花瓣黄色、喉部红色。

● **养护**：喜温暖干燥及阳光充足的环境，较耐寒，能耐短期霜冻，耐干旱和半阴。喜肥沃、疏松和排水良好且富含石灰质的沙壤土。根系较浅，盆栽不宜过深。4~10月为其生长期，需充足阳光和水分，每月施液肥1次。冬季温度以8~10℃为宜，并保持盆土干燥。夏季50%的遮光，注意通风。成年植株每2~3年换盆1次。

● **繁殖**：播种和嫁接繁殖。

养护关键要素：

	春	夏	秋	冬
光照	全日照	50%遮阴		全日照
水分	充足水分，见干见湿	适当控水	见干见湿	适当控水，保持干燥
温度				≥5℃

银手指 *Mammillaria gracilis*

养护难度： 非常容易

生长速度： 慢

归　　类： 普货

▲银手指

养护关键要素：

	春	夏	秋	冬
温度				≥5℃

银手指原产墨西哥。

●特征：肉质茎呈球形或椭圆形，绿色，高可达20厘米。植株有纵棱若干条，具银白色毛状短小周刺15~20枚，辐射状，成熟植株顶端周刺中央会有黄褐色针状外凸数枚。花期从秋至春，花着生于纵棱刺丛中，小型淡黄色钟状花。

●养护：喜阳，不怕晒，喜沙质土壤。适生温度为24~28℃，最低耐受温度8~10℃，0℃以下会冻伤。土壤干透后，置于背阴处浇透水。生长期每月施1次腐熟饼肥或颗粒复合肥，冬季休眠期应停止施肥。每3~4年换盆1次。

●繁殖：扦插、分株。

▲金手指

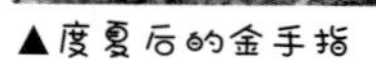

▲度夏后的金手指

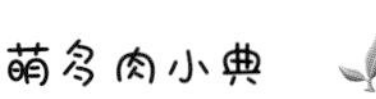

球兰 *Hoya kerrii*

萝藦科

- 养护难度：容易
- 生长速度：缓慢
- 归　　类：普货

▲球兰

球兰原产中国云南、广西、广东、福建等地。

●特征：肉质叶片对生，卵圆形至卵圆状长圆形。“球兰”的名字主要来源于其辐射状的聚伞花序，上面有许多白色的小花，形成一个半球面甚至球面。球兰是攀缘高手，只要给予足够的生长时间，可以爬满树干或石壁，这主要归功于其茎节上的气生根。

●养护：喜高温、高湿、半阴的环境，但不要让其暴露于烈日下。浇水把握见干见湿的原则，但要经常保持空气湿度。越冬温度在10℃以上。生长旺季可以每半个月施一次稀薄的氮磷肥。花期过后不要重度修剪，来年会在同一花茎上开出另一朵花。

●繁殖：枝插和播种。

养护关键要素：

	春 夏 秋	冬
光照	遮阴	全日照
水分	见干见湿	控水
温度		>10℃

▲金边心叶球兰

凝蹄玉

Pseudolithos migiurtinus

养护难度：较难

生长速度：缓慢

归　　类：贵货

▲凝蹄玉

▲果荚套纸卷

凝蹄玉原产索马里东北部。

●**特征**：凝蹄玉属约有8个种，凝蹄玉是该属最常见的一员。单块茎生长，卵圆形，块茎表面有瘤状花纹。遮阴环境下块茎会呈现浅绿色，半遮阴环境下表现为明显的橄榄绿或灰绿色，全日照下表现为红棕色。夏末期间开出簇状深红色花朵，散发出腐臭气味，蝇类因为气味吸引来授粉。

●**养护**：喜光、喜干旱、不耐寒，越冬最低温度为5℃，需避免低温、潮湿的环境。适合生长温度为20~30℃，在此温度范围内浇水掌握见干见湿的原则，高于或低于此温度范围要适当控制浇水，以免块茎腐烂。养护上浇水是关键。除夏季持续高温期间需要适当遮阴以外，其他时间均可给予全日照。

●**繁殖**：播种繁殖，但种子不易获得。

养护关键要素：

	春	夏	秋	冬
光照	全日照	少量遮阴	全日照	
水分		少水		
温度				≥5℃

【小贴士】

由于凝蹄玉的种子有类似蒲公英种子那样的“降落伞”，成熟的种子会偷偷“溜出”果荚“不告而别”，所以要在果实形成后、果荚颜色变得灰绿时及时套袋或用纸卷绑扎果实。

爱之蔓

Ceropegia woodii（别名：吊金钱、蜡花）

养护难度： 非常容易

生长速度： 稍快

归　　类： 普货

▲爱之蔓锦

▲爱之蔓

爱之蔓原产南非及津巴布韦。

●**特征**：蔓性多肉。叶心形，对生，叶面上有灰色网状花纹，叶背呈紫红色。成株叶腋处会长出圆形块茎，称“零余子”。春夏季会开出淡紫红色、红褐色壶状的花，花后结出羊角状的果实，种子可播种。

●**养护**：喜温暖、散射光充足的环境。喜稍湿润的土壤，但也较耐旱，浇水掌握见干见湿即可。夏天高温时会有轻微休眠，应注意适当遮阴，给予散射光充足的环境；冬季保持5℃以上温度即可安全越冬。

●**繁殖**：可用零余子繁殖，也可枝插、高空压条、播种繁殖。

养护关键要素：

	春	夏	秋	冬
光照		散射光照射		
水分	见干见湿			
温度				≥5℃

马齿苋科

金枝玉叶

Portulacaria afra（别名：树马齿苋）

养护难度：非常容易

生长速度：稍快

归　　类：普货

▲金枝玉叶

金枝玉叶原产南非。

●**特征**：小灌木状多肉。分枝多，老枝淡褐色，嫩枝紫红色或绿色，节间明显，叶片脱落后具有明显的叶痕。翠绿色肉质叶为倒卵状三角形，对生，集生于枝顶，叶面光滑无白粉。春夏季开出玫瑰红或粉红色的小花，顶生或腋生。

●**养护**：喜温暖、干燥和阳光充足的环境，耐干旱和半阴，不耐涝。可利用栽培盆器的大小和修剪来控制植株大小。春秋季是其生长季，注意每15~20天追施1次以氮肥为主的稀薄液肥。夏季高温时适当遮阴，并注意通风。冬季给予全日照并保持温度10～16℃，适当控水，停止施肥。其分枝力强，可经常修剪或抹芽。每2~3年的春季翻盆1次。

●**繁殖**：枝插、叶插或播种。

养护关键要素：

	春	夏	秋	冬
光照		适当遮阴		
水分	见干见湿	适当控水	见干见湿	低温时控水
温度				≥10℃

雅乐之舞

Portulacaria afra 'Foliisvariegata'（别名：花叶银公孙树）

- 养护难度：非常容易
- 生长速度：稍快
- 归　　类：普货

▲雅乐之舞

雅乐之舞原产南非。

●**特征**：植株较矮，肉质枝条也较为细弱，老茎灰白色，新茎红褐色，分枝近水平。肉质叶交互对生，叶片黄白色，仅中央一小部分为淡绿色；新叶边缘有粉红色晕，随着叶片的长大，红晕逐渐缩小，在叶缘变成一条粉红色细线，直到完全消失。小花淡粉色，人工栽培条件下很难开花。

▲雅乐之舞

●**养护**：同金枝玉叶。

●**繁殖**：枝插或嫁接法。

养护关键要素：

	春	夏	秋	冬
光照		适当遮阴		
水分	见干见湿	适当控水	见干见湿	低温时控水
温度				≥10℃

金钱木
Portulaca molokiniensis

养护难度： 容易

生长速度： 稍快

归　　类： 普货

▲金钱木

金钱木原产非洲东部。

●**特征：** 茎干木质化，直立生长。圆形叶片浅绿色，长约6厘米，节间短缩；叶片排成四列，集生枝顶。盛夏开鲜黄色花朵，5~8朵花簇状陆续开放，单朵花仅开放一天。

●**养护：** 喜温暖、湿润的半阴环境，耐干旱，忌烈日暴晒，对高温敏感，怕寒冷和盆土积水。适生温度为20~32℃。夏季应放在柔和的散射光处养护。生长期每月施1次养分均衡的稀薄液肥，可加入少量硫酸亚铁，以防叶片黄化，或每半年施1次加有微量元素的缓效肥。冬季移至室内光线明亮处，适当控水，停止施肥，保持室温10℃左右。金钱木适宜用较深的透气性好的盆器栽种，每2年翻盆1次。

●**繁殖：** 播种或枝插。

养护关键要素：

	春	夏	秋	冬
光照	全日照	散射光		全日照
水分		适当控水		适当控水
温度		≤35℃		≥10℃

吹雪之松锦

Anacampseros rufescens ‘Sunrise’

养护难度： 非常容易

生长速度： 稍快

归　　类： 普货

▲吹雪之松锦

养护关键要素：

	春	夏	秋	冬
光照		适当遮阴		
水分		控水		控水
温度				≥7℃

●**特征：**具有铺地生长的习性，叶片集生在短缩的茎上形成莲座状；叶色丰富，有翠绿色、暗黄绿色、玫红色等，叶背粉紫色，茎顶叶丛中有白色细丝。阳光充足时叶色更加艳丽。夏季开花，花粉红色，仅在下午开放，能够自花结实。种子具白色胞衣，质轻。

●**养护：**生长适温15~25℃。半耐旱，不耐寒。喜排水良好的土壤与通风的环境。浇水掌握见干见湿。春秋两季可全日照；冬夏两季进入短暂的半休眠状态，忌长时间放于烈日下，要适当控水。

●**繁殖：**叶插、枝插、分株或播种。

菊科

蓝松 *Senecio serpens*

▲蓝松

蓝松原产南非。

●**特征**：小型贴地生长的多肉，在根茎基部即开始分枝，极易生根，匍匐枝条着地处均会生根。匍匐茎上长有2~5厘米长、被有白粉的蓝绿色手指形肉质叶片。叶片受到强光照射时，会变为绚丽的紫色。夏季在茎顶开出白色小花，种子具毛状物。

●**养护**：喜光照、耐干旱，最低可耐-7~-4℃的低温。喜透气、排水良好、pH 6.6~7.5的土壤。夏型种，夏季也会生长，所以除冬季低温适当控水防冻伤外，其他季节均可正常浇水，掌握见干见湿的原则。

●**繁殖**：叶插、枝插、分株和播种。

养护关键要素：

	春	夏	秋	冬
光照		遮阴		
水分		控水		
温度				≥-7℃

翡翠珠

Senecio rowleyanus（别名：绿之铃、珍珠吊篮）

养护难度：非常容易

生长速度：稍快

归　　类：普货

▲翡翠珠

翡翠珠原产非洲南部。

●**特征**：茎细长、匍匐下垂，在节处会长出气生根，但不具攀缘性。叶肉质、圆球形，顶端具微尖的刺状凸起，叶色深绿或淡绿，上有一条深绿色的纵条纹，即“窗”。花期秋季，花白色略带紫。

●**养护**：喜温暖干燥的半阴环境，耐旱，不耐寒，怕高温和强光暴晒，喜肥沃疏松、排水良好的沙质土壤。早上和傍晚可给予直射光，其他时间有明亮的散射光即可。春秋两季生长旺盛，可每月施浓度低的液肥1次。冬季适当控水，停止施肥。夏季注意适当遮阴，增加通风，过分干燥时可向茎叶少量喷水。

●**繁殖**：枝插为主，还可分株和播种。

养护关键要素：

	春	夏	秋	冬
光照	散射光结合少量直射光	适当遮阴，散射光为主	散射光结合少量直射光	全日照
水分	见干见湿	适当控水	见干见湿	适当控水
温度	21～27℃		21～27℃	≥3℃

黄花新月

Othonna capensis（别名：紫玄月）

养护难度：非常容易

生长速度：稍快

归　　类：普货

▲黄花新月

黄花新月原产非洲南部。

●**特征**：叶片呈长梭状，略弯曲，犹如一轮新月，基部簇生，随着生长呈互生状。春季开黄色小花，在光照充足的情况下茎与叶会由绿转紫红色。

●**养护**：喜阳光充足、温暖、干燥的环境。盛夏时节会半休眠，要减少浇水，并且不要施肥。生长季节浇水见干见湿即可，每月施1次磷钾复合肥。安全越冬温度为10℃以上。

●**繁殖**：分株、枝插、种子繁殖。

养护关键要素：

	春	夏	秋	冬
光照	忌强光暴晒			
水分		适当控水		
温度	适宜温度15～28℃			≥5℃

八荒殿

Agave macroacantha（别名：大刺龙舌兰）

养护难度：容易

生长速度：稍快

归　　类：中档

▲八荒殿

养护关键要素：

	春	夏	秋	冬
温度				≥10℃

八荒殿原产墨西哥贫瘠的岩石地。

●特征：叶狭长、坚实而挺立，多而密集，呈莲座状排列在短缩的茎上；叶片灰绿色，叶缘具稀疏黑尖刺，叶尖具长达3厘米的黑刺。生长15年以上者将开花，快要开花时，中心的叶片会变为漂亮的红色，深红色的小花在夏季开放。

●养护：喜夏季干燥、阳光充足和高温的环境，在疏松砾质土壤中生长良好。春秋季要浇透水，保持盆土稍湿润，每半个月施肥1次；夏季定期在早晚向叶面喷水，不需遮阴；冬季要适当控水。

●繁殖：分株繁殖为主。

鬼脚掌

Agave victoriaae-reginae（别名：箭山积雪、笹之雪）

养护难度：容易

生长速度：慢

归　　类：中档

▲鬼脚掌

鬼脚掌原产墨西哥沙漠中。

●**特征**：无茎，肉质叶排列成紧凑的莲座状。叶三角锥形，先端细，腹面扁平，背面圆形微呈龙骨状突起；叶绿色，叶缘及叶背的龙骨凸上均有白色条纹状角质，叶顶端有长0.3~0.5厘米、坚硬的黑刺1~3个。生长30年以上的植株才能开花，花后结籽，植株枯萎死亡。

●**养护**：该种坚韧强壮，耐干旱、严寒，稍耐半阴，怕水涝。喜欢阳光充足和温暖、干燥的环境。生长期4~10月，浇水时应避免盆土积水，空气过干燥时可向植株喷水。对肥料的需求量不大，生长期内1~2个月施1次稀薄肥水即可。夏季高温时，避免强光直射，注意通风。冬季放在室内光照充足处，适当控水，停止施肥，5℃以上可安全越冬。栽培过程中要定期翻盆理根，成龄植株每2~3年翻盆1次，喜含适量石灰质的沙质土壤。

●**繁殖**：分株繁殖为主，也可播种、扦插繁殖。

养护关键要素：

	春	夏	秋	冬
光照		少量遮阴		
水分	见干见湿	适当多水	见干见湿	适当控水
温度				≥5℃

吉祥冠

Agave potatorum

养护难度：容易

生长速度：慢

归　　类：中档

▲吉祥冠

吉祥冠原产墨西哥东南部，属于龙舌兰家族中的袖珍种。

●**特征**：株高6～8厘米，株幅8～10厘米。叶片边缘（特别是尖端）长有长长的硬刺，使得一般人难以靠近。

●**养护**：喜阳光直射、温暖、略显干燥的环境。温度过高时需要通风散热；耐贫瘠，每月追施1次氮磷钾结合的低浓度肥料即可使其生长健壮、鲜艳；及时修剪枯萎老叶。

●**繁殖**：分株繁殖、种子繁殖。

养护关键要素：

	春	夏	秋	冬
光照		少量遮阴		
水分	干透浇透	适当多水	干透浇透	适当控水
温度				≥5℃

大戟科

皱叶麒麟 *Euphorbia decaryi*

▲皱叶麒麟

- 养护难度：容易
- 生长速度：缓慢
- 归　　类：中档

皱叶麒麟原产非洲东部。

●**特征**：植株低矮呈丛生状，短小的肉质茎细圆棒状。幼株直立，成年株呈匍匐状。茎表皮深褐至黄褐、灰白色，并有粗糙的褶皱。叶轮生集生茎顶，茎杆下部叶片常脱落。叶片深绿至灰褐色，狭长带状，全缘但叶缘呈褶皱状。小花黄绿色，不甚显著。

●**养护**：喜充足、柔和的光照和温暖、干燥的环境，耐干旱和半阴，忌积水和过于荫蔽。春季、初夏和秋季是其旺盛生长的时节，期间浇水应掌握见干见湿的原则；每20天左右施1次腐熟的薄肥。冬季低温时会进入休眠，应停止施肥，适当控水，5℃以上即可安全越冬。当植株太过拥挤时，应在春季进行翻盆，给其肥沃、排水良好、透气性强的土壤。

●**繁殖**：分株、枝插和播种。

养护关键要素：

	春	夏	秋	冬
光照		少量遮阴		
水分				适当控水
温度				≥5℃

断崖女王

Sinningia leucotricha

养护难度：容易

生长速度：缓慢

归　　类：贵货

▲断崖女王

▲断崖女王

断崖女王原产巴西。

●特征：球形或甘薯状肉质块根，表皮黄褐色，有须根，顶端簇生绿色枝条。叶片生于枝条上部，椭圆形或长椭圆形，交互对生、全缘、绿色。枝条和叶片表面密生厚实的白色绒毛，有光泽。花期暮春至初秋，花橙红色或朱红色。

●养护：喜阳光充足、凉爽、干燥的环境，耐半阴，怕水涝，忌潮湿闷热。具有冷凉季节生长、夏季高温和冬季低温休眠的特性。生长期需保持土壤微湿，避免积水。夏季35℃以上高温及冬季5℃以下低温时，生长减缓，要控水，并在夏季适当遮阴和加强通风。休眠期要剪去干枯的枝条和叶片。生长速度较慢，每2~4年换盆1次即可。

●繁殖：播种繁殖。

养护关键要素：

	春	夏	秋	冬
光照		适当遮阴		
水分	见干见湿，忌积水	适当控水	见干见湿，忌积水	适当控水
温度		≤35℃		≥5℃

入手多肉
必备知识

入手多肉前要考虑的问题

▶选择最好养的多肉品种

初学养多肉，先从最好养的开始。比较好养的多肉一般有两类：一类是原产我国的，如费菜、瓦松等，或来自其他国家但已经适应了我国的环境，并在野外已有分布，属于归化植物的，如乡间路旁常见的仙人掌、屋顶上自生自灭的棒叶伽蓝菜等；另一类则是较早进入国内市场并已繁殖应用，即国内的常见品种，被称为“普货”。第一类多肉存在的问题是多数仍然处于野生状态，少有商业化开发，获得这些多肉植物存在一定困难，而且会对资源造成较大的破坏。第二类则是多肉爱好者种养的首选，它们已经适应了国内的环境条件，耐寒耐热能力都较强，对种植条件要求不高，容易繁殖，适应能力较强，而且价格不高，如黑王子、黄丽、千佛手、紫珍珠、白牡丹、江户紫、姬胧月、青丽、乙女心、蓝石莲、鲁氏石莲、虹之玉、观音莲、霜之朝、东美人、白美人等。

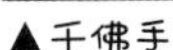
▲千佛手

▲江户紫

【小贴士】●多肉名字中“××杂”的由来

有一些刚引进的多肉品种取名为“××杂”，如乌木杂、花月夜杂、玉露杂等，这样的名字主要是根据母本的名字来取名的，因为通常种子是在母本的花箭上，而父本只需采集花粉，若没有即时记录，就易混淆，或是通过昆虫携带花粉自然授粉产生的，这就更无法确认父本了。还有一种可能就是亲本都是杂交品种，亲本也还没被署名，所以就只能以母本的名字或部分名字加上“杂”来命名。

▲银星　▲丽娜莲　▲银星丽娜杂

●多肉植物的价格

国内现在迎来了一股多肉植物热。随着爱好者的不断增加，多肉价格的上涨是肯定的。将两年前和现在的价格相对比，可以发现多肉价格总体已经翻倍上涨，并且上涨趋势还在持续中。

有些品种出现了供不应求的局面。以静夜的价格来说，三年前还和最普通的品种白牡丹价格相平，但现在已然是半个贵货了。就植株大小而言，一些常见品种的老桩也能卖到几十元，甚至上百元。新出现的品种更是出现高价疯抢的现象。在未来的一段时间里，多肉的经济价值将会与日俱增。

至于杂交品种与原始品种的价值及价格，通常是根据它们的品相、繁殖难易程度、生长速度而定的。

比如静夜和胧月杂交培育出的白牡丹，价格虽没有作为母本的静夜高，但与胧月差不多；静夜和大和锦杂交培育出的本巴蒂斯、法比奥拉的价格都超过了两个亲本静夜和大和锦；花月夜和月影杂交培育出的月光女神，价格也都超过了它的亲本；乌木杂有许多种，但现在的价格都远不如原始的乌木。

▲静夜　▲白牡丹

▲月光女神　▲乌木

▶选择年龄小的多肉

对于刚开始了解和种植多肉的朋友们，最好是从年龄小的苗养起。因为多肉小苗的新陈代谢比老桩快，生命力旺盛，吸收养分、水分的能力，耐热力以及抗性都要强于老桩。乍看之下，老桩劲势充足、更好存活，其实不然。年龄大的老桩就和人一样，生理功能逐渐衰弱，代谢慢、抗性差、自我调节能力受限，容易遭受害虫、真菌和细菌等侵害而得病。很多刚收入的老桩需要重新生根，但是它们大多木质化程度较高，存在不易发根的风险；而且从根部吸收水分到供应整个植株的速度较慢，若不能缓根服盆成功，就会一直消耗多肉植株内贮存的养分，直至消耗殆尽而走向生命的尽头。此外，现在老桩多数为进口，价格比较高，“仙去”的话，损失可不小。所以对于种植经验不足的新手们，未能把握好光照、水分、通风等之前，应先从年龄小的多肉养起，这样既可以看到它们成长的过程，也可以学习并积累养护的经验。

▲蓝姬莲小苗

▲蓝姬莲老桩

▲霜之朝小苗

▲霜之朝老桩

多肉成株后，其株型等特征会逐渐凸显，才能绽放出更加美丽的色彩和姿态，价格也随之上涨。不过多肉的生长速度和其他植物相比，算是非常慢的。若是迫不及待想要欣赏它们美丽的样子，那就只能选择成株或者老桩，这样面临养护不当造成死亡的风险也就较高了。当然，那些非常了解多肉生态习性的“大仙们”会直接从成株开始养，他们在多肉给水和基质搭配上都把握得很好，同时通过不同的表现手法，能让多肉展示出本身价值以外的美丽。

除此之外，有些多肉的生长方式接近于蔓生、丛生。这些品种易长侧芽、分头，形成群生，不易形成老桩，如子持莲华、姬星美人、薄雪万年草、帕米玫瑰、白霜、红霜等，这就不用顾虑选择年龄大小的问题了。

▶购进多肉的最佳时期

决定多肉购进时期的关键在于温度。在众多环境因素中，温度对于多肉的影响是相对极端的。当温度处于某种多肉生长的最适范围内时，无论什么季节多肉都是可以生长良好的。因此景天科多肉在我国南北方的购进时期会有所差异，而仙人掌科、大戟科、龙舌兰科等夏型种多肉无论南北方都是在夏季购进最合适。

就多肉植物的价格而言，在进入炎夏前的春末时期，景天科多肉的价格是最低的，秋季时的价格通常会比春季时的高，这也是多肉购进最佳时期的参考指标之一。

（1）南方（泛指长江以南地区）

春、秋、冬三季入手多肉都是可以的。南方地区的冬季温度在 0℃以下的时间不会太长，大多数沿海地区会出现“暖冬”现象，因此多肉在这些地方过冬的难度并不高。除仙人掌科等夏型种外，多数肉肉面临的最大问题在于如何安全度过夏季。面对 40℃以上的高温酷暑，以及潮湿闷热的桑拿天，突如其来的一场雨带来的湿度增高，都可能导致多肉的腐烂。这样的极端环境即便是有很多年种植经验的多肉老手也会面临大量多肉的死亡。春冬季入手多肉会比秋季入手更稳妥些，因为由于夏季的消耗，秋季多肉处于“疲劳”状态，而南方“秋老虎”的威胁可不小，新手容易被多变的天气状况误导，稍不注意可能会造成比夏季更大的损失。

▲南方冬季露养的多肉

▲南方冬季露养的多肉

（2）北方（泛指长江以北地区）

秋季入手多肉最稳妥。北方地区的春寒对多肉而言是极大的威胁。情况和南方类似，初春时节，挨过寒冬的多肉慢慢从休眠中苏醒过来，会比较虚弱，因此应尽量避开寒冬和初春，到了春末之后再入手。从春末种起，经过夏、秋、冬三个季节的充分了解与准备，新手们才能和肉肉一起面对严冬的挑战。

多肉专用土及其配制

▶土的种类

（1）持水的无机颗粒土　赤玉土、鹿沼土、植金石、煤渣、兰石等。

（2）不持水的无机颗粒土　珍珠岩、陶粒、日向石、河沙、轻石等。

（3）有机基质　泥炭土、椰糠、仙土、腐熟的生物粪便等。

▲赤玉土　▲鹿沼土　▲植金石

▲兰石　▲珍珠岩　▲陶粒

▶土的选择原则

（1）以无机颗粒土为主加入少量有机质

这样才能给多肉提供排水良好、疏松透气的基本生长环境。无机颗粒土分为两类：持水料和不持水料。

持水料为保水材料，如煤渣、火山岩、赤玉土等。其特点是导水快，不易在植料缝隙中间产生积水，能有效提高植料透气性，防止植物根部缺氧坏死，且饱有一定量的水分供植物生长。

不持水料主要为控水材料，如珍珠岩、陶粒、轻石等。其特点是占据土料部分体积，使土壤的保水程度达到一个安全的最高值后，多余的水分会由盆底流出，一定程度上达到控水的目的。

▲泥炭土　▲椰糠　▲仙土

（2）依环境和盆器类型调整种植土构成

由于不同种植环境、不同盆器的应用等，多肉种植土的构成需要做适当调整。北方地区干燥少雨，持水颗粒和保水基质的比例可以稍提高些；南方地区闷热多雨，应加大不持水颗粒基质的比例。盆土配置完成后，基本要达到浇水后2～3秒内盆底就有水流出这样的通透性。

（3）同类颗粒土自由搭配

如同为持水类基质的鹿沼土和赤玉土的配比可以自由浮动，原则是尽量将颗粒土比重增大，通过浇水来调节植物的需水程度，对于多肉的存活和茁壮生长都更有利，同时也会降低多肉夏天死亡的风险。

（4）减少或避免使用易粉化和瓦解的基质

为了通风透气，防止积水和烂根，尽然减少使用易粉化和瓦解的基质（如蛭石）。不过，蛭石用来播种或扦插，效果还是很棒的。

（5）有机基质推荐选择椰糠

椰糠是椰子外壳的纤维粉末，是一种纯天然的有机基质，非常适合用于植物栽培，且价格合理，经济又实用。购买的椰糠有两种形式，一种为粉末状，可以直接按照需求量进行配制使用；另一种为压缩而成的长方体状椰糠砖，使用前需按照说明书上的用水量将其浸泡散开，然后再按照配比要求进行配制使用。

泥炭土通气性好，是质轻、持水、保肥性强的栽培基质。但由于其含有较高的有机质、腐殖酸等营养成分，用于多肉植物栽培时要注意严格控制用量，否则容易造成多肉的徒长。生物粪便一般都是经过熟化后才能使用的，新鲜粪便不能直接添加，而且它要比泥炭和椰糠等植物基质更富营养，所以推荐选择蚯蚓粪肥。家畜类的粪肥，如猪、牛粪的肥效过猛，多肉生长的速度会很快，这对于在自然环境中缓慢生长的多肉来说并不是一件好事；而鸡、鸟禽类粪的磷含量偏高，不太适合多肉的生长。有条件的话，可以增加同类基质的种类，提高多元性，补充多种微量元素更利于多肉植物的生长。

▲蛭石

（6）根据多肉的年龄选择颗粒基质的大小

选用颗粒基质的直径大小一般根据多肉植物的年龄而定。小苗根系较细、少，且生长旺盛，需水分较多，可采用细些的基质（颗粒直径1～3毫米），其保水性好些也促进根的生长。成株适用的颗粒直径需大些（颗粒直径3～6毫米），可提高通透性，防止烂根。

【小贴士】

现在市面上有很多专门用于种植多肉的基质，如赤玉土、鹿沼土等。它们的价格比较高，但有很好的通气性、蓄水性，pH呈微酸性适宜于多肉生长，且具有抗菌防虫的作用，效果绝佳。轻石颗粒的价格相对便宜，效果比起以上两种基质稍弱些，但整体性价比较高。珍珠岩价格便宜，透气也亲根，但是浇水后容易上浮，轻便的特性导致干后风一吹就飘走了，使用后期也易粉化。大颗粒的煤渣和河沙搭配使用的效果也是非常好的，且成本低，性价比超高。但煤渣尽量不要直接混入，而要先浸泡一周，去除有害物质后再使用。

▶应用效果不错的配比

25% 赤玉土（特硬二本线）+ 25% 日向石 + 20% 鹿沼土 + 20% 兰石 + 10% 椰糠

15% 仙土（颗粒）+ 40% 兰石 + 40% 轻石 + 5% 蚯蚓粪肥

20% 泥炭土 + 45% 煤渣 + 35% 粗河沙

上述配方为体积比，可用小花盆分别进行每种基质的量取，然后混合均匀。有条件或不着急使用时，可将这些基质用水浸泡 1 周左右，稍加晾晒后再使用。

盆器和工具

▶盆器选择原则

种植多肉的盆器选择时不必太拘泥，常见的有瓷盆、釉盆、陶盆、塑料盆等。如为摆设装饰，可以用玻璃瓶、铁皮、木盆等有设计感的材质。不同材质的盆器，透气透水的效果都是不同的，养护高手可以结合相应的栽培方法和经验，给肉肉换上各种美丽的盆器。但对于新手来说，在未能很好地把握浇水程度前，建议选用红陶盆、紫砂盆等空隙较大、便于水分蒸发和透出的盆器，可有效防止烂根。

▶盆器的种类

（1）陶盆

陶盆、紫砂盆等这类盆器透气性好，材质空隙大，水分发散快，种植多肉相对安全。与其他盆器相比，用陶盆种植的多肉生长会慢一些，株型也会小一些，但更精致。最常见的是红陶盆，整体干净素雅，非常适合用于搭配多肉的颜色。

▲陶盆

不过在南方地区陶盆不太适合用于露养，特别是度夏，陶盆的保水能力过低，容易导致多肉根系干枯。陶盆更适合成株多肉种植使用。另外，如果陶盆底部表面上了釉，那就完全失去透气的效果，购买时要多注意。

（2）瓷盆

瓷盆其实就是陶盆表面上了釉，外观美丽，多用于搭配装饰，南方气候潮湿闷热，瓷盆的透气透水性较差，如果没有很好地控制基质配比和浇水，容易导致多肉溃烂，不建议新手使用。瓷盆适用于种植已经拥有强大根系的多肉。

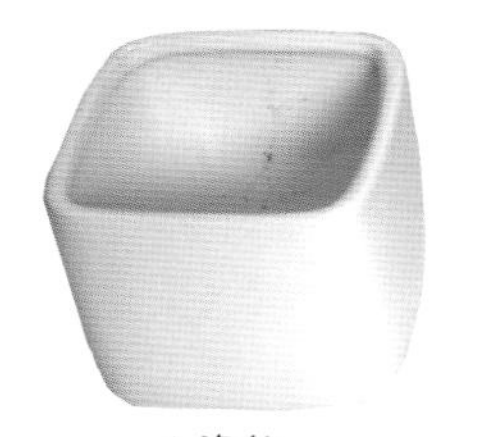

▲瓷盆

不过有些瓷盆是专门为多肉植物设计的。这种瓷盆的底部垫高且不上釉，保证了盆内底部的通风透气，对防止多肉积水、烂根有很好的效果。

▲瓷盆

（3）塑料盆

最大特点为轻便、便宜，但是不够美观。它不如陶盆透水透气，没有一定保水效果，但又比瓷盆的透气性好；温度高时，散热的效果要好于瓷盆。其适用性介于两者之间，适合多肉小苗和大量种植时使用。在实际应用中，口径为7厘米和10厘米的方盆用得最多，能够满足多数单株多肉的生长空间。

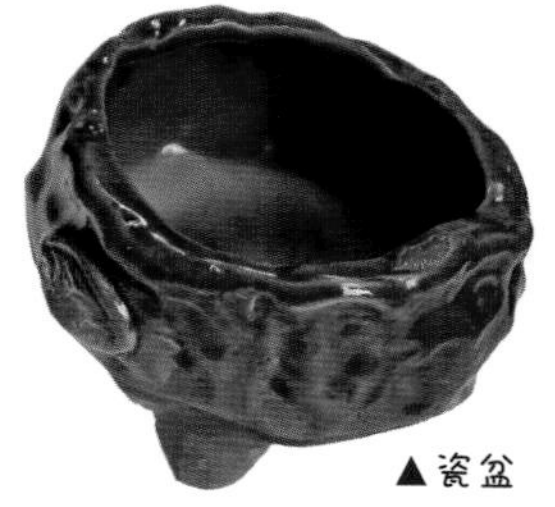

▲瓷盆

现在市面上有各式各样的塑料盆、蓄水盆、控根盆等可供选择，以控根盆的通气效果最好，甚至比陶盆的效果更好，但不太适合需水性较高的多肉生长，如紫弦月、姬星美人等。

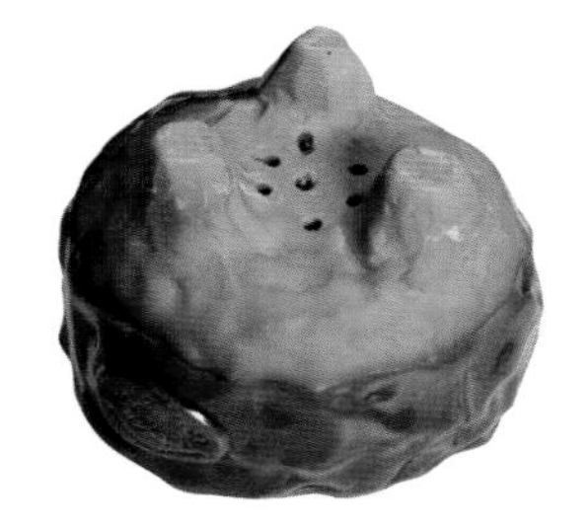

▲多肉专用瓷盆

▲塑料盆

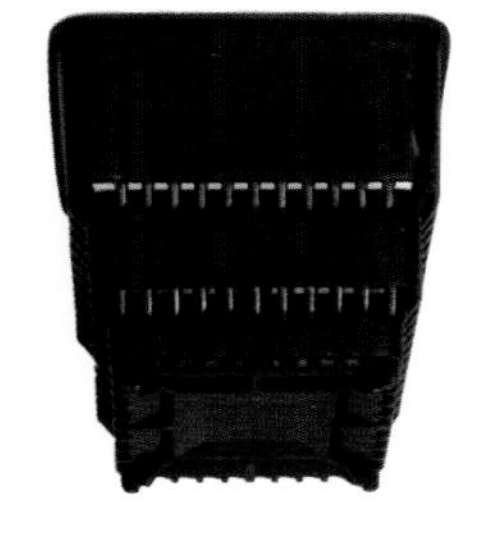

▲塑料控根盆

▶多肉专用小工具

由于多肉大多属于小型盆栽，需选用小巧的工具进行精细的栽植。常用的工具有小铲子、小耙子、毛刷、镊子、尖嘴壶、喷水壶、剪刀等。需要说明的是，毛刷主要用于上盆后清理多肉表面粘黏的基质，使多肉看上去更加清洁；镊子在养护带刺的多肉时会显示出优越性；尖嘴壶出水的轻重缓急可以控制，且出水呈射线状，在给小盆的多肉、表面具白粉的石莲花类多肉浇水时非常好用，能够有效避开多肉植株，尤其适用于新上盆的多肉养护。

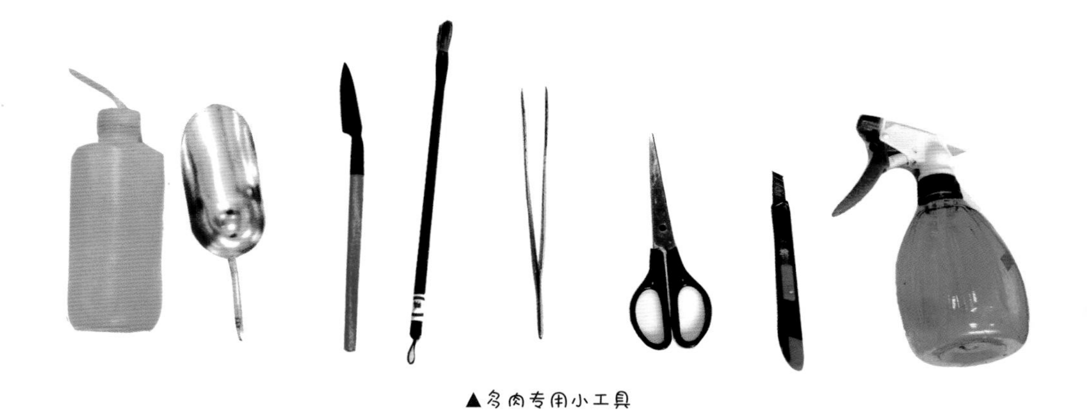

▲多肉专用小工具

入手后的初期养护

▶多肉植株修整

(1) 去土

从花卉市场或者多肉大棚选购回来的多肉，通常都是带盆带土的，所以肉肉的新主人需要先清除掉原来的基质。首先将多肉从原有营养钵或花盆中小心取出，轻轻将根系上的栽培基质抖落，尽可能做到少保留原有基质。

这样做一方面是由于生产地的种植环境和新主人家里的环境差异较大，原本的基质很大程度上不适用于新的环境。另一方面，生产地的多肉以盈利为主，为了加速多肉生长，基质中会加入较多的高氮肥，不利于多肉长期生长，而且可能带有较多的虫卵和病菌。所以通常刚收入的多肉需要先去土。如果是网购或者海淘回来的多肉，那就不必经过这个环节了，因为商家为了运输方便一般都会将多肉脱土或者修根。

▲白牡丹裸根

（2）修根、整叶

去完土可以先观察下多肉根系的状况，如果有黑根或者有已经枯萎的根，可以用剪刀将其修剪掉，遇到根上有板结的土块要去除，这样可以更好地提高根系在盆内的通透性，促进多肉生长。要注意的是，多肉在生长季时发根很快，就算把全部的根都切掉，再完全重新发根也是没有问题的，但在休眠期不可过度修根甚至不能修根。

▲条纹十二卷去土修根

整叶也是一样的。先去掉黄化、枯萎、病变或存在病虫害的叶子，同时注意观察植株的叶背、叶间缝等处是否有虫子或者病状。如果有，就必须及时清除并隔离，上盆后不能与其他多肉放在一起，以防传染。必须隔离观察一段时间，确保无碍后才能进行统一的管理。

（3）晾根

修根之后需要进行晾根。这个环节持续时间的长短可根据种植的环境和品种而定，放置于通风、阴凉且干净的地方即可。根据不同品种，如景天类，根较细，一般晾根2～3天；十二卷属类，根系肥大，一般晾根4～5天。如果是网购或者海淘回来的多肉，一般都已经过晾根处理，到手后只需查看是否有损伤，如果没有，只需通风半天就可上盆了。

▶上盆

步骤 1：将从大棚购回的多肉整棵脱盆取出，把结块的土捏碎去除。

步骤 2：整理干净根部并摘掉枯叶、黑叶。

步骤 3：静置晾根，并准备好所需工具、盆器及配好的栽培基质。

步骤 4：依次倒入颗粒较大的垫底石（兰石）、混匀且潮湿的营养基质，再栽入多肉植物，并轻轻上提以舒展其根系，最后铺上美观、透气的铺面石（鹿沼土）。

步骤 5：装好盆后，可在盆内放些小配件作为搭配，然后放置在通风的散射光处即可。

【小贴士】●上盆注意事项

多肉上盆应该选择一个晴朗的天气进行。上盆时要用潮土，因此需要将基质喷湿，但又不可太湿，具体以握土可成团、松手即散开这种干湿度即可，这样上盆后不需像其他植物那样浇透水。刚上盆的多肉不可直接晒太阳，需要在通风、散射光的环境下放置1周左右。1周后才能逐渐进行正常浇水养护。

●关于换盆

换盆的操作过程与上盆是一样的，但换盆的主要目的是换土。盆内的基质经过长时间反复浇水、风干，养分缺失，而且根系生长对基质中的石料有穿透粉碎作用，基质变得越来越不利于根系呼吸和生长，同时随着多肉植物的长大，盆太小也会影响其生长，所以换盆是必要的。

换盆一般1～2年进行1次。具体的换盆时间南北有差异。在南方，由于夏季高温，秋季多肉正在恢复中，较虚弱，所以选择初春进行最适宜；而在北方多肉需经历冬季严寒，可在春末或秋季时进行换盆。

▲给混匀的基质喷水

▲以基质轻握成团不滴水为度

多肉成长季

多肉植物的栽培养护是一个由浅入深到深入浅出的过程，但也是一个非常有趣的过程。

从宏观的角度看，多数多肉植物都需要接受长时间日照来保证健康的株型，每天需要至少5小时至全天的光照。在多肉原产地的自然环境下，多肉植物为抵抗温度胁迫，进化出了各种抵御机制，如休眠、脱皮、厚粉、变态叶等，将它们移入人工环境下栽培时，需避免损坏其生长机制并尽可能地控制在最适生长温度10～28℃范围内。多肉植物的需水量是较少的，在生长期遵循“干透浇透”的原则，或者等栽培基质完全干燥、没有水分时再浇水，但浇水要浇到所有基质吸饱水分，多余水分从盆底流出即可；在休眠期需控水或断水，所谓控水即减少浇水量或延长浇水的周期，所谓断水即在相对较长的一段时间内完全停止浇水。种植多肉的基质要以颗粒土为主，透水透气、不易板结的盆土环境有利于多肉根系的生长。多肉植物原生地环境一般都较为恶劣，土壤贫瘠，因此多肉不需过多施肥，只要在配土时加入少量有机肥作为基肥，以及在后期使用缓释肥作为土壤营养补充即可。

从微观的角度看，繁多的多肉品种科与科之间、属与属之间的生长习性都

存在着许多差异。不同品种受光照时间、光照强度影响的反应是不同的，如十二卷属多肉适宜在散射光下养护，而仙人掌科多肉适宜接受全日照。几乎每一种多肉都存在各自的致死温度，如紫勋致死高温为 60℃、致死低温为 -8℃，巨人柱致死高温为 65℃、致死低温为 -9℃。特别是在多肉植物生长临界点（即多肉对水分的需求达到完全饱和）时，多一次的给水、20% 的空气湿度差距等，都可能导致其直接死亡。这些都说明各种多肉对极限温度、水、湿度等敏感度是极强的，在养护过程中出现生长的极限环境因素也是常有遇到的。其实在看似统一且简单的养护大环境中，多肉植物实质上又有着明确且细致的生长规律，因此只有了解多肉植物的生理机制，合理利用各种环境条件，相互调控、不断积累、不断摸索，才能掌握多肉植物栽培养护的关键。

书中所提及的栽培养护知识，并不是为读者提供一个标准化的养护模式，而是让大家认识多肉的基本习性，了解环境对它们的影响，并能正确调节环境中的各个因素，因地制宜，形成一套属于多肉爱好者们自己的养护模式。

光照的管理

▶光照对多肉很重要

多肉植物原本都是生长在日照较长的地区，除了软叶十二卷属等那些喜欢散射光环境的多肉外，大多数多肉都是喜欢光照的。光照充足时，多肉就能健康生长，能有较好的抗逆性，并进行有效的代谢，容易变得肥厚可爱。多肉植物除了需要一定的光照时长，也应考虑光照强度。经大水大肥催大的或出现徒长的多肉，突然放入阳光下暴晒，就可能因太强烈的光辐射而灼伤；光照还可以促进多肉体内花青素的沉淀，使多肉呈现出

▲青典之司

▲遮阴

各种美丽的色彩。当然，夏季高温时，还是需要采取一定的遮阴措施，如在阳台或露台上种植多肉可架设一张75%~80%遮光率的遮阳网，或者将多肉们转移到不会被太阳直射且光线好的窗台。夏季休眠的多肉是招架不住长时间阳光暴晒的。

光照强度和光照时长不足，首先造成的影响就是植株徒长，为得到更多的光照而导致叶肉拉长。徒长之后，一方面，多肉在逆境下（多雨或高温季节）容易被病菌侵入，导致死亡；另一方面，多肉本身的耐热性变得极差，植物组织拉长，细胞壁变薄，受到阳光直射时，叶片非常容易被灼伤、化水。在种植环境光照不足时，有些人会通过控水的方式来防止多肉徒长，这在短时间内确实有效果，但绝不是长久之计。

▶利用光照来塑形

植物都有趋光性，而多肉相对于其他植物来说对光照强度更为敏感，形态特征的变化也更为显著，因此可以根据这一特点进行盆栽造型。

将多肉长时间放在单面光源的位置，且不经常移盆或转盆。由于较阴面的光照不足，枝干发生轻微徒长而扭曲，往光源更强的一面生长，形成长枝，再结合修剪手法即可达到造型的目的。同理，通过人工制造光源，使多肉枝条往下或不同方向生长亦可造型。

把正常直立向上生长的老桩多肉斜倒重新种下，枝干会因正常的光源环境重新向上生长，表现出弯曲的枝条，进而达到造型的作用。

自然形成的造型株一般为老桩多肉，会由于过于庞大的株型、过密的枝条阻碍光源或枝干重量过大而倒戈等。

▲八千代

▲胧月

【小贴士】

新种植的多肉通常要经历一个“缓根期”，在此期间不宜暴晒。即使是夏天生长的仙人掌属多肉，为了植株健康，也应放于散射光处养护一段时间后再放入强光区。

温度的控制

多肉植物最适生长温度为 10~28℃，但无论是冬型种还是夏型种，大多数多肉的生长温度都应在 0~35℃，超出这个范围就应给予适当的防护措施。如夏季高温时，可用风扇或空调等进行降温，但切不可频繁改变温度环境，否则会加速死亡。生活在原产地的多肉往往能顶着烈日生长，那是因为它们大多处于沿海地区，海风带走了植物体表面的水分，达到降温的效果。而冬季寒冷时，应将多肉移入室内进行保温，尽可能保持 0℃以上。

环境温度过高时，植物的细胞膜会先破裂，但细胞壁较厚不容易破裂，叶子就呈现出透明状，也就是我们常说的叶片“化水”。但不是只有高温时多肉才会“化水”，温度过低或其他方式破坏了多肉的代谢机制也会出现这一现象。虽然植物体液的凝点比水的凝点低，但气温长时间低于 0℃时，多肉会减缓代谢速度，逐渐进入休眠状态。此时要进行保温，注意控水，否则盆底的水分结冰，使根系被冻坏，就易导致烂根而死亡。有些多肉品种经过长期驯化，适应了当

▲水化

▲高温下的紫月影

地环境，会突破原本的生长范围，像上述章节所提到的“普货”适应力就很强，较好驯化。

除此之外，不同品种的多肉对温度的耐受性也存在较大的差异。对于那些对温度敏感的多肉，它们的耐热性较差，其驯化难度较大，度夏时要格外小心。以福州地区为例，夏季最热阶段会超过 35℃，并且会持续高温长达 1~2 个月，

这样的高温环境下，很多多肉品种都会进入休眠状态，难以存活的品种有：静夜、银月、瑞典魔南、小蓝衣、蓝豆、婴儿手指、红霜、白霜等，建议新手避开这些品种。大多数叶片上具较多白粉或长毛的多肉品种，耐热性都较强，如雪莲、霜之朝、白美人、白雪姬、月兔耳、黑兔耳等。

浇水的把握

有的书籍或肉友经验谈会告诉新手，多肉浇水可按照不同季节 3 天 1 次或 1 周 1 次定时定量浇水，其实这是不可取的。不同的通风条件、基质性质、盆器材质、空气湿度等都会对盆内水分的保持、蒸发速度、干湿情况有较大影响，很多时候会因为一次浇错水而让多肉意外丧命。因此书本上和其他肉友的经验仅可作为参考，不能直接照搬用于自己的多肉养护。新手应该学会的是浇水的基本原则以及如何判断浇水的量与时机，这样才能结合自家多肉的生长状况和环境，形成一套适合自己的养护措施。

▶浇水的原则

●多肉不能像其他植物那样每天浇水。浇得少则安全，浇过多则烂根。

●在生长阶段，如夏型种在夏季、冬型种在冬季，多肉为了生长需要较多的水，应补充相对多点的水分。

●进入夏季气温逐渐升高时，要逐渐减少水分，保持干燥，以防基质中产生霉菌和虫害。

●中午不浇水。浇水时间尽量避开一天中温度高的时候，晴朗天气以傍晚浇水为宜。

●“浇透干透”，即每次给水要浇到有水从盆底流出为止，每次给水要保证盆内基质已完全干透。浇水时一定要有水流出，这是为了打通盆内的流水通道，达到通气作用，同时有利于多肉根系的舒展。但浇水浇到刚开始滴水时即要停止，到盆底的水大量流出时就过量了。

●阴天或雨天时要延迟浇水。因为此时空气湿度很高，多肉能从空气中吸

▲蓝豆缺水信号

收水分。特别是南方梅雨季节时，天气非常闷热，要多关注天气预报，小心浇水。

●进入夏季休眠时，多肉会开始掉叶子或叶片出现缩皱，这时千万不要慌张。因为这是正常现象，是多肉降低消耗的一种自我保护机制，所以休眠期间就不能大量浇水了。休眠期间，为了维持多肉的生命，可根据不同情况轻微地喷水。

●特殊形态肉肉的浇水处理：叶片表面有白粉或长毛的多肉，浇水时尽量避免将水喷到叶片上，这样做除了避免影响美观之外，白粉和叶毛对于多肉来说是保护机制，可以抵御外界高温环境，提高耐热力，且具有防病虫害的作用。

●通风条件差时，不要让叶片积水或有水珠，否则容易造成叶片溃烂，同时防止水珠因光照聚热而导致叶面灼伤。在小盆或盆数较少的时候，也可采取浸盆的方式给多肉供水，但也一样要注意盆内的干湿情况。

●不同品种的多肉对水量的需求不同。这需要大量的实践才能获知。总的来说，少浇水更安全。需水相对较多、耐水性较强的多肉有：爱之蔓、佛珠、芦荟、佛甲草等；相对少水、耐旱性较强的多肉有：长生草、瓦松、仙人球等，较极端的例子如凝蹄玉，3 个月浇 1 次就能维持生长。多肉较其他植物生长速度慢，有的品种要 2 个月才能服盆，有的品种长根要半年之久，刚接触肉肉的朋友一定要有耐心，相信它们是顽强的。

▶浇水时机的观察

（1）看一看

根据多肉状态判断：当多肉外围的叶子出现皱缩、干枯，而中心的叶子状态正常，说明多肉已缺水，应浇水。当多肉外围和中心叶子都出现皱缩现象，此时应考虑两种情况：若是服盆已久的多肉，说明是严重缺水，应浇水；若是栽植不久出现这种现象，90% 是烂根所致，应及时拔出观察，必要时将植株放在阴凉处稍晾干后再栽培。

（2）掂一掂

把整盆多肉拿在手上掂一掂，感觉盆里的水重进而判断是否浇水。这就好像我们去市场买菜时，把菜拿在手上就可以知道到底有没有缺斤少两。所以建议新手在每次浇水后都可以掂一掂，感觉下。

（3）嗅一嗅

将鼻子靠近多肉植物的盆底，嗅一嗅，盆底是否有散发出土腥味，如果完全闻不到，就说明土已干透，可浇水。

▲乌木杂

▶判断盆内干湿情况的方法

用一根竹签插入盆内，插入过程中的顺利程度可以判断出盆内土壤的干湿程度。取出后再观察竹签的干湿，如果竹签上有土黏着，就说明盆土没有干透，暂时不需要浇水。

如果这样做还是不能确定何时应该浇水，那可用下面的这个方法，更加直观。

做一次试验，准备两个相同的盆装入等量的相同栽培基质，一盆正常地栽入多肉植物，一盆不栽，放在同样的环境下，同时浇水后观察。对没有栽植物的那盆，直接翻土观察土壤内部的干湿情况。记住多少天后干、盆内土结构的状况和变化，就能知道浇水的时间了。

【小贴士】关于浇水的那点事儿

●普通自来水呈弱碱性，因而可以在自来水中加些白醋调节pH值，使水呈弱酸性，有利于植株生长。

●掌握“干湿交替”原则浇水。仔细观察植株，在土壤干透后一段时间，根系完好的植株（非休眠期）出现叶表轻微塌缩，就可以浇水了；根系不好的植株，可能很长一段时间都是塌缩包裹的状态，特别是刚入的肉肉要保持一定的土壤湿度，以便刺激其发生新根系。

通风的保障

多肉对通风条件的要求比较高。一方面，由于多肉怕积水，良好的通风可以加快盆土水分的蒸发，使盆内环境达到相对干燥，以减少病虫害发生的可能；另一方面，加大叶表面的空气流动，可以使叶面温度降低，在露养阳光直晒的时候不易被灼伤。特别是在炎热的夏季，一旦通风不够，多肉容易感染真菌。南方仲夏时节，多肉大多进入休眠状态，但是只要有良好的通风条件，安全度夏基本没有问题。在气温超过50℃的温室中，加一台高速抽风机就可以帮助肉肉挨过酷暑。

▲通风不足导致红边灵影受到真菌感染

其实很多多肉植物最早都是在靠近海岸线的悬崖边上被发现的。较极端的例子如南非纳米比亚的棒棰树，由于阳光直射，它们的表面温度甚至会达到60℃以上，但因为长在空旷的山冈上，通风好，仍能生长良好。

施肥的进行

说到多肉的施肥，就要先说说多肉的营养需求及应用。多肉植物把吸收的营养都贮藏在肥厚的营养器官（叶片、茎或膨大的根系）内，完全可以由自身组织提供营养，所以它们的根部吸收养分是慢且少的。这也是为什么多肉砍头、断根后不会立即死亡，依靠叶片、枝干就能很快繁殖出新的全株的原因。而且多肉在不适的环境条件下会进入休眠状态，以消耗自身贮藏营养为主，这样的生长方式使得它们的生长速度及寿命比其他植物慢且长。

多肉本身需肥不多，因此以基肥为主，在上盆或换盆时保证基质中有少量的有机肥即可，一般不需要另外再加入化肥。大棚、温室里生产的多肉以盈利为目的，常在基质中加入很多的氮素肥料，以达到快速催大多肉的效果，这违背了它们本身的生活习性，容易造成多肉度夏时负荷过大，代谢不了，难以度夏等。自家栽培多肉要以健康为主，不可大水大肥，应尽量做到低肥栽培。盆土中有 10% ~ 15% 的有机肥基质，已经能够满足多肉对养分的需求。

不过，在两种情况下是可以考虑另外施肥的：一是在南方地区有度夏困扰时，为使多肉更顺利度夏，可相应提高磷钾肥，在基质中可拌入少量稻壳炭和草木灰等，或在前一季度放入缓释磷钾肥颗粒等，提高抗逆性；二是开花前的施肥，开花会消耗多肉较多的营养，施肥可以相对提高开花结实率。

开花的应对

由于多肉植物的种类繁多，包含多个科属，花期不是都在同一时段，有的会在炎热的夏季开花，有的会在转寒时节含苞待放，不过较多都集中在转暖的冬末初春开花。石莲花属和莲花掌属的多肉本身就像一朵朵莲花，它们开花时会显得特别有趣，出现花上开花的美丽景象。

多肉开花需要消耗很多营养来供给花箭生长，所以这段时间营养器官的生长会变缓甚至停止。肉肉因营养的消耗有时会变形，不过本身健康的肉肉在开花结果之后又会恢复周正的株型。如果想要欣赏肉肉开花的美丽或是为了获取种子，只需要静静地等待花苞绽放便可，花儿怒放后就可以进行授粉。此时可以试试各种品种的杂交，如种间杂交、属间杂交等，虽然并不是所有的杂交授粉都可以成功，但多多尝试，说不定会有意外的收获。授粉后只要等待种荚的形成即可。

如果不是为了杂交收获种子，最好选择花蕾时期将花箭剪掉。剪花箭时留在母株上的部分不必剩太短，以免伤到叶片，只要时间久了剩余的花箭就会自行枯萎，之后再拔出。剪掉的花箭可以尝试着插在土里，有时候会长出根；花箭上的叶子也可掰下来进行叶插繁殖，由于高度汲取了花箭上的营养，其繁殖成功的概率要比茎上取下的叶子高很多。

有些肉肉开花前需要异常警惕，如黑法师、红昭和、子持莲华等莲花掌属和瓦松属多肉，这些多肉植物母株会在开花后死去，所以需要在蕾期剪去花箭，以防止养分的消耗。

▲紫米粒开花

▲红粉台阁开花

▲雪莲开花

多肉保卫战

相对于家庭种养的其他植物来说，肉肉们其实不怎么容易出现病虫害。它们的抗性和耐性相对较强，但对抗病虫害的原则也是防重于治。首先要保证提供通风、无病虫害存在的环境，其次要将新来的肉肉适当隔离，保证没有病虫害后再加入到已有的肉肉大家庭中，然后就是平时多观察，早发现早采取措施。很多肉友都非常骄傲自己养的肉肉不存在病虫害，这其实和肉肉本身不容易发生病虫害是有很大关系的。

病害

多肉植物常见的病害有黑腐病、煤烟病、黑斑病等。平时防治可 2~3 周用农药喷洒一次。用药时可多种药物交替使用，避免病菌产生抗药性。病菌性病害由于症状多样且肉眼不好识别，使用广谱性杀菌剂如凯润等对于抑制真菌传染蔓延效果不错，其他的如多菌灵、百菌清等药效较低，等病发后使用已来不及。必须强调的是，一切病害的防治应该重在预防，多肉植物的病害多发生在高温高湿季度，此时病害爆发速度是十分迅猛的，发现时多肉植物一般已有损伤且面积不小，所以受害后用药，意义就大打折扣了。

▶黑腐病

黑腐病属于真菌性病害，表现为发黑发软、化水、腐烂等症状，一般先出现于局部，而后逐渐蔓延。引发此病的情况有多种，但一般多为环境不良所造成，易发生于夏季高温潮湿、通风不足、土壤积水等环境。防治应保持多肉生长环境干燥、通风，采用疏水性好的土壤。发生黑腐病的多肉应尽早切除腐烂部位，以防止病菌扩张。可用苯来特和代森锰锌的混合溶剂喷洒植株。

▲发生黑腐病的黑王子

▶煤烟病

煤烟病属于真菌性病害，具有潜伏期，温度持续达到 30℃以上时开始爆发且传染极快，迅速蔓延整盆及附近盆栽。受害多肉叶片上出现黑色小斑点，枝叶会逐渐枯萎、干瘪直至死亡。被感染的多肉在非高温环境下生长较慢，易掉叶，不易长芽，但能继续生长，不易被看出症状。多次、长期用药可以减缓病状，治疗期较长，可用代森铵、波尔多液等菌类药物治疗。

▲煤烟病

▲煤烟病

虫害

对多肉来说，最烦人的还是那些可怕的虫子。叶螨（俗称红蜘蛛）、粉虱、蚧类、棘跳虫、蚜虫等都是肉肉们最可怕的敌人。对于“走精致路线”的肉肉们来说，一点点的病虫害就会令它们完美无瑕的外观大打折扣。而且对于多肉控们来说，这些虫害无疑是眼中钉，必须早日除之而后快。

千万别把多肉长期放在室内栽培，在高温干燥、通风不畅的情况下，肉肉常会受到病虫的威胁。防治虫害要以预防为主。新买入的肉肉一定要严格把关，确定没有病虫后才能与已有的肉肉们放在一起养护。季节交替时也是虫害最易发生和泛滥的时候，主要是由于温度冷热交替，而这时也恰恰是多肉抵抗力最差之时。此外，对栽培肉肉的土壤进行消毒，也会有很好的预防效果。

对于肉肉虫害的防治用药可选用亩旺特、速扑杀等广谱杀虫剂，对介壳虫、红蜘蛛等多肉植物常见虫害的扑杀效果好。用药浓度要严格按照说明掌控，浓度稍微控制不好，对肉肉来说就是灭顶之灾，特别是大戟科多肉尤其敏感。如果家里的肉肉不幸染病，首先要看具体是什么病症才能对症下药，不必太在意药剂的名字，但一定要看说明书，按计量使用。同一种药物使用两次后就要更换，交替使用才不会让害虫产生耐药性。

▶介壳虫

介壳虫危害面很广，喜欢啃食多肉的幼叶和根尖部位，量少时可用牙签、毛刷等剥离；若爆发则会在叶面上留下黑垢，可用杀扑磷、蚧必治等进行喷杀。

▲感染介壳虫

▲感染介壳虫

▶红蜘蛛

红蜘蛛在夏季多发，多肉受害叶片会有褐色斑痕或出现叶片枯黄的症状，平时要多观察并防止多肉叶背结蜘蛛网。发生时可用三氯杀螨醇、阿维菌素、克百威等去除。

其他动物危害

▶老鼠

有着肥厚叶片的肉肉们，对于馋嘴的老鼠来说可谓是美餐，尤其是石莲花类。

老鼠也会欺软怕硬，它们常常啃咬石莲花类的嫩叶却对带刺的仙人掌敬而远之。对抗老鼠最好的方法是使用辣椒水，这对肉友们来说是最环保的土方法。

▲被老鼠啃咬的多肉

买当地最辣的辣椒，然后把辣椒剁碎，再放进锅里加水煮，倒出辣椒水放凉。之后就可以把辣椒水喷到多肉的叶片上或者土中，这样老鼠就不会再来伤害肉肉了。

▶小鸟

冬天来了，对于露台族和阳台族的多肉控们来说，最害怕的还是鸟。谁叫冬天鸟儿没地方找吃的呢！

防止多肉被鸟儿啄，可以用风车，摆上一排，也许还能成为阳台美丽的风景，而且最好选那种闪亮材质的风车。放几张光盘、插牙签也有同样的效果。

网络上最近流行用铁线环防鸟，一个小装置就防犬防猫防恶鸟，和牙签效果差不多。罩子也很有用，把肉肉圈在里面，不管鸟再可恶都高枕无忧。

▲光盘防鸟

▲牙签防鸟

▲不锈钢丝防鸟

多肉的繁殖

每一位多肉主人都希望看到自己培育的肉肉不断壮大，看到满院肉肉“儿孙满堂”的样子。肉肉的可爱之处也在于它们易于繁殖。

多肉的原生环境造就了它们坚韧的习性。为了适应不良环境，或在极端恶劣的环境下延续生命，它们往往通过增殖来迅速繁衍后代。

家庭繁殖多肉植物可以通过有性繁殖和无性繁殖两种方式进行。

有性繁殖：用通俗的话说，有性繁殖就是通过开花、授粉、结种子后，用种子繁殖出新植株。这种方式繁殖出来的肉肉往往会综合亲本的某些特点，也许还会出现新品种。

无性繁殖：用大肉肉身上的某一部分（叶片、枝条等）培育出小肉肉。这是多肉家庭扩繁中最常用的方式，包括扦插（叶插、枝插）、嫁接和分株。这些方法简单易行，又能保持多肉亲本的优良性状。

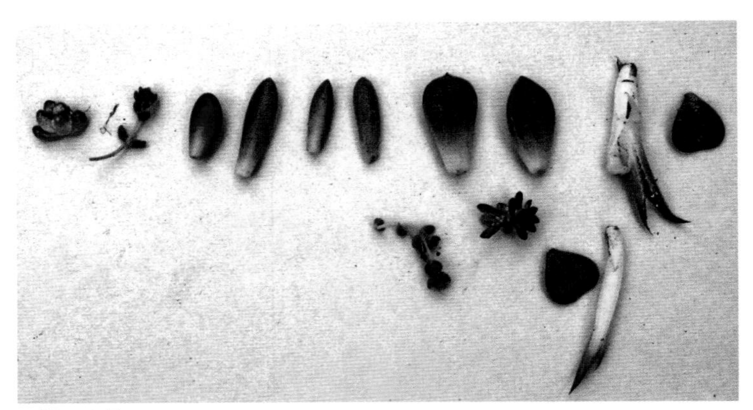

▲繁殖用芽

【小贴士】

肉肉中最好繁殖的品种——银手指、姬星美人、虹之玉、白牡丹、姬胧月、千佛手、静夜、吉娃娃、月兔儿、子持莲华、观音莲、爱之蔓、紫弦月等。

撒豆成兵大量繁殖——播种

种子是植物繁育下一代的主要方式之一，也是杂交培育新品种的唯一途径，多肉作为植物的一分子自然也不例外。

播种步骤：

步骤 1：准备好种子若干、栽培基质和育苗盆。

步骤 2：配制播种基质。

肉肉的播种基质应具备排水、透气性能较好，同时要有一定的保水性，所以颗粒土的比例可以大一些。这里推荐两种基质配方：泥炭土或椰糠（播种级）35%+ 赤玉土（播种级）30%+ 河沙 25%+ 细煤渣 10%；泥炭土或椰糠（播种级）45%+ 河沙 25%+ 细煤渣 30%。当然，也可以用纯泥炭土，但可能会由于营养过剩而造成小苗生长迅速或徒长。

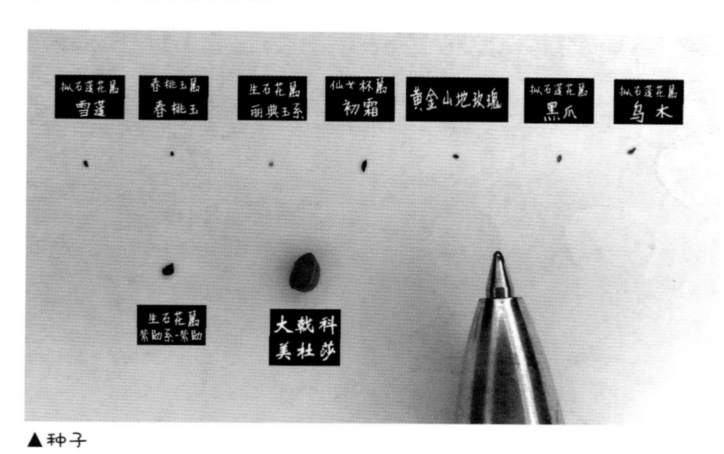

▲种子

步骤 3：基质灭菌。

由于泥炭土或椰糠在运输或贮藏的过程中会出现大量的细菌、真菌，如果不进行消毒灭菌，将严重影响种子萌发和成活。基质灭菌常用的简易方法有3种：开水浸盆、微波灭菌、紫外线灭菌。当然，为了灭菌更彻底也可以几种方法结合使用，如开水浸盆后摊开用紫外线灭菌。紫外线灭菌较简单，即将基质碾碎摊开，放于烈日底下暴晒或用紫外线灯照射。开水浸盆是将基质置于大盆中，用开水直接冲烫；也可以将基质置于高压锅中烹煮30分钟，以达到消毒灭菌的作用。微波灭菌是将配置好的基质浸湿装袋，放微波炉中加热5分钟，摊开晾凉即可。

步骤 4：装土入盆，浇足水（最好是凉开水）后将种子均匀地撒入盆中，并做好标记（如品种、数量、日期等）。

▲装土入盆

▲均匀撒入种子

▲覆盖保温

▲萌发多肉

步骤 5：如果播种数量不多，可以用玻璃、透明塑料板或薄膜等将播种盘或盆器罩住，数量多的可以用塑料薄膜搭一个简易的温棚，为多肉创造一个温暖、空气湿度相对较高的舒适小环境，同时也可以减少频繁浇水和人工干扰。以后 5~7 天观察 1 次，肉肉们会逐渐萌发。

【小贴士】

多肉种子在萌发的过程中对光照并没有特别的要求，因此只要有散射光即可。

在基质消毒过关的基础上，将播种盆用玻璃罩或塑料薄膜罩住，不会有温度（冬天室外养护除外）、水分（忌积水）的问题。因此在多肉发芽期间可以不用频繁照料，顺其自然即可。

多肉的一部分长成新植株——扦插

▶叶插

在为肉肉换盆、网购运输、修枝、枝插繁殖的过程中，难免会有一些叶片被碰落、摘除，这时候千万不要以为它们没用就一扔了之，因为常常一片健康的叶子扦插后就是一个或多个健康的多肉小苗。肉肉的叶插是一个相对漫长的过程，也是肉肉军团以“几何级数增长”的奇趣体验过程。

选择肉肉母体上肥厚、健壮的叶片摘下，摆放在稍湿润的沙床或者疏松透气的基质表面，假以时日，小叶片的生长点上就会长出不定根或者不定芽，最终慢慢形成小植株。

（1）叶插步骤

步骤 1：将取下的健康叶片放于阴凉通风处风干伤口，忌用水洗或浸泡，以防止创口感染或叶片透明化，影响叶插的成功率。

▲取下健康叶片阴干

步骤 2：准备好基质和盆器。基质需用高温或开水灭菌、干燥。柔软疏松的基质有利于叶片的生根和发育。

步骤3：做好这些准备后，把叶片（正面）朝上平放在基质表面，当然也可插入基质中。然后将育苗盆放于通风良好、散射光充足的地方，不要让阳光直射，也不需要浇水。通风良好可以有效防止叶片发霉腐烂，阳光直射会导致叶片失水过多、营养虚耗，不利肉肉的生根发芽。

步骤4：短则一周，长则一个月，叶片的伤口处就会冒出嫩嫩的新根或幼芽，当然有时会因品种、生长环境的不同而有所变化。生根后要及时用薄土将小肉肉的根系盖住，并少量浇水，避免幼小的肉肉因根系长期暴露于空气中失水过多而枯萎。

步骤 5：小肉肉长出来后，不要急于将老叶片去除，那可是小肉肉的“粮仓”。随着小肉肉的长大，应逐渐增加浇水量和日照时间，这样可以确保小肉肉健康成长、体态丰盈。反之，小肉肉会拔高徒长，枝叶容易掉落。

▲叶片平放基质上

▲叶片伤口处长出新芽

（2）叶插注意事项

①叶插应选择带有生长点的肥厚叶片（生长点一般位于叶片基部），一是肥厚的叶片能够提供养分，二是有生长点的叶片才有长成新植株的可能。这就要求从叶柄基部与茎的连接处摘取叶片，以保证叶柄基部的完整性，即保证生长点的完整。

②叶插期间保持土壤基质适度湿润即可，不可浇水过量，否则会导致烂叶。

③叶片摘取后先将伤口稍晾干再摆放到基质表面，避免真菌、细菌从伤口处侵入。

④叶插的过程中难免会出现一些突发情况，导致扦插失败，如叶片化水、感染霉菌、干枯。此时应及时清理掉这些叶片，特别是感染霉菌的叶片，以防止感染其他健康叶片。

⑤扦插后等待萌发的过程中应注意保护肉肉，防止小鸟和猫来捣乱。

（3）扦插的几种结果

●先长出不定根，稍后长出芽。（成功）

●先长出不定芽，稍后会长出根。（成功）

●只长根不长芽，叶片养分消耗光后便干枯死亡。（失败）

●什么也不长，萎蔫死亡。（失败）

待多肉小植株稍稍长大，就可以单独移栽到稍大的盆器中培养了。

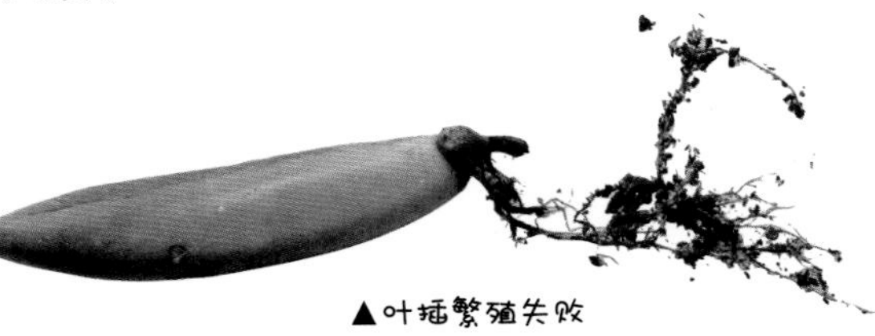

▲叶插繁殖失败

【小贴士】

适合叶插的品种：胧月、虹之玉、大叶落地生根、黄丽、白美人、乙女心、紫珍珠、芙蓉雪莲、蒂亚、黛比、姬秋丽、玉露等。

▶枝插

经过多年生长的多肉经常长得比预期的更加“疯狂”；或者是在缺乏阳光、阴雨连绵的日子里，肉肉开始徒长，失去了以往的紧凑美观株型。这样等过了休眠期，就该着手开始修整多肉了。在造型的同时别忘了顺便收获小肉肉。

有时肉肉会因为主人的管理不善、病虫害侵袭、鸟兽啃食等原因，出现受伤、濒死状态。这时肉友们就可以用枝插的方式拯救心爱的肉肉。

对于一些能够长出粗壮茎秆部分的肉肉，或容易形成多头的肉肉（如鲁氏石莲、玉蝶、观音莲等），可以通过截取茎的一部分控制长势。修剪下来的茎通过扦插还可形成新的小植株。

经过修剪的母株大约经过 10 天的恢复期，茎上会慢慢冒出新芽，而且有可能冒出 2~3 个芽，这时原本只有一个头的小肉肉就变成多头的了。

▲鲁氏石莲

▲玉蝶

枝插步骤：

步骤 1：用干净的小刀或剪刀将多肉身上健壮的枝条取下，如果枝条足够长可以分成几段。工具在使用前可以喷洒酒精消毒，注意避免使用生锈的工具，以免造成感染。

步骤 2：将接近枝条底部的叶子去掉（不要扔掉，如果叶片健壮可留作叶插），放置于阴凉通风处风干伤口，通常需要 3~5 天。在这段时间内不要让阳光直晒多肉，否则你看到的就不是萌肉，而是肉干了。

步骤 3：待肉肉伤口愈合之时，要为它准备好基质和容器栽种。

步骤 4：将枝插好的肉肉和母株放在光线充足的地方，少量浇水，之后可视土壤干湿程度进行多次少量浇水。1~2 周后，肉肉们就可以长出新根。

【小贴士】

肉肉枝插土壤湿度同样不能过大，保持湿润即可，不用浇水。不要放在有阳光暴晒的地方，可置于室内或室外有散射光处。

一变多的魔术——分株繁殖

有些肉肉会从根状茎、匍匐茎或是根茎处萌蘖出小植株和气生根。这些小植株还会扎根土壤汲取营养生长壮大，并长出根状茎和匍匐茎，最后布满整个花盆，如长生草属、瓦松属、十二卷属多肉植物。这些肉肉的小植株往往都有强壮的根系，可以用分株的方式进行人工繁殖，并且存活率远高于扦插繁殖。

分株繁殖步骤：

步骤 1：将长得繁茂的丛生多肉从原盆器和生长基质中取出，进行整理、筛选。

步骤 2：选出健康、完整、带根的植株，待用。

步骤 3：将植株分成若干小株，每株肉肉都应该带有根。

步骤 4：小心地将分株后的小株移栽入盆中。

【小贴士】

分株时不一定要把所有的小植株都取下，尽可能取大的，小的可以继续与母株一起培养。掉落的小苗也不要丢掉，将它们收集起来种下，可能也会带来意外的惊喜。

胎生

有些多肉很神奇，它们会在叶片的锯齿处（如不死鸟）、花箭的叶腋（如龙舌兰）长出小苗，待长到一定程度后，掉到地上即可生根长成新的植株。这个过程就像母亲十月怀胎生下小宝宝一样，所以我们把它称为“胎生”。但因为胎生只有母本，没有父本，所以它依然属于无性繁殖。

胎生苗的栽种过程为首先收集胎生多肉，再准备培养基质和盆器，在盆器里装好基质、摊平、浇水，将收集的胎生小多肉均匀地撒在基质表面，以后定期少量浇水直至生根即可。

◀棒叶伽蓝菜胎生繁殖

多肉组合盆栽

当手头上的肉肉越来越多，状态越来越好的时候，多肉控们一定按捺不住，希望给肉肉变变样，让它们生长得更加精致，更加美丽。经过巧手装扮的肉肉既可以装点美居，又可以作为礼物送给朋友。

在众多的装饰方法中，组合盆栽无疑是为肉肉量身定做的。萌萌的肉肉聚集在一起，色彩、形态上相互映衬，而且憨态可掬、意境动人，总能带给人们无限的遐想和愉悦。

适合种植在一起的多肉

组合盆栽，顾名思义，就是将各种不同的多肉种植在一起，形成一个多品种的组合。

很多人在组合盆栽前总会瞻前顾后，考虑究竟哪些种类适合种植在一起，它们之间会不会相互影响?

对于初学者而言，尽量选择科属比较接近、生活习性相似的多肉组合栽种（最好是自己亲手种过，比较熟悉的品种）。选择的品种不要太多，如果品种太杂，并且跨越的科属比较大，生活习性相差太大，后期养护就会比较麻烦。组合栽种还要兼顾肉肉的大小、颜色、形态的搭配，尽量使得同一盆器里的肉肉都能好好生长。当然，如果你已经是老肉友了，深谙肉肉品性，那就随心所欲，放手操刀吧！

组合多肉养护要求

习惯了单品种种植肉肉的朋友们一开始接触组合盆栽或许会有疑问，这么多的肉肉同时聚集在一个盆里好养护吗？

多肉组合盆栽对环境的要求会略高一些，这么多的肉肉聚集在一起，就要特别注意观察每种肉肉的生长状态。对于多数肉肉而言，光照、通风、适量的湿度都是不可缺少的。组合后的肉肉常常让人爱不释手，但也不能忘了它们各自独特的习性要求，要把它们放在有阳光直射的阳台上或者窗边，只要每天有5小时以上的阳光直射就可以了。同时还要注意浇水，如果组合盆器是深盆，那就减少浇水频率，尽量避免选用盆底没有孔的盆器。但多数情况下要选择扁浅广口的盆器（盆深在6厘米以下）进行组合栽种，这就存在蒸发量大的问题，因而可以根据土壤的干湿程度，适时补充一些水分。

在缺乏日照的天气里就要通过勤动手来改善肉肉的生存环境了。首先，把肉肉置于通风的环境中，这样有利于水分的蒸发，在紧密种植的情况下不容易出现烂根的现象；其次，要注意适当控水，浇水时也要注意避免在叶面上造成积水。

在组合初期，为了能在短时间内营造出较好的效果，通常会种植得比较紧密，肉肉扎根稳定后就会茁壮成长。为了保持造型，还需要及时调整和修剪。如果是自娱自乐，不急于一时的观赏效果，那就可以适当种稀疏些，给肉肉们留一些生长空间。

组合盆栽的准备工作

▶容器选择

组合盆栽容器选择的一般原则是：根据组合盆栽植株的大小和数量来选择容器。当然还可以考虑更多地融入自己的创意和想法。只要肉肉能在盆内“站稳脚跟”，后期养护有保证，那就一定能获得长期的效果。

多肉组合盆栽可用的容器种类繁多、形态多样、造型各异，只要精心挑选，总有一款适合你。当然，如果你是一个特立独行的幻想家，不妨试试利用身边信手拈来的材料装点肉肉吧！

（1）贝壳

贝壳具有一定的透水性，可以在壳内填充少量的基质，再选择体量小巧的肉肉放入壳中，这样一个简单而又富有风情的组合便完成了。

（2）茶杯

将憨态可掬的肉肉装进充满禅意的茶杯、茶壶里，顿时别有意境。在家中品茗之时，还能欣赏到如此袖珍迷人的绿意，令人顿时心旷神怡。为了与茶杯茶盘保持协调，在选择基质时可以选用同一色系的赤玉土作为面层的装饰。

（3）铁艺

铁艺的可塑性强，可以制作出各式精美的容器，显得高贵典雅，再配合上生机蓬勃的肉肉，一盆刚与柔完美结合的作品就诞生了。

（4）竹筒、竹篮

竹子空心的特性使得它成为了天然的容器材料，其天然的明快色调与肉肉的嫩绿色形成对比，两者搭配，也是天作之合。

（5）木箱子

废旧的木箱子往往成为家里角落堆放的垃圾，历经多年不知该如何处置。现在尽可将它们派上用场。大容量的木箱子透气性、透水性都非常好，尤其适合种植多肉，尽管把大大小小的肉肉们播撒上去，假以时日，它们就会旺盛地生长了。

（6）礼品盒

礼品盒配合上精致的肉肉，这就是一份很有心意的礼物。打开小盒子，就像打开了一个奇妙的小世界。要注意的是，多数礼品盒经不起长期浇水和植物根系的侵蚀，一段时间后应当及时移盆。

（7）陶盆

陶盆是多肉种植容器中最为多见的一个类型。陶盆色彩鲜艳，形象生动，可以根据款式创造出不同的意境，或古朴、或活泼、或素雅等。但尽可能选择盆底有渗水孔的陶盆，以增加盆器的透水性，尤其是表层上釉的陶盆。如果买来的盆器没有渗水孔，肉友们可以自己动手用电钻打个小孔。

（8）玻璃材料

玻璃良好的透光性十分适合喜阳的肉肉。精致的玻璃容器空间像是为肉肉搭盖了一间专属的温室，既能保持浇灌后空气的湿度，又不影响光照，还能让人们从各个角度欣赏到肉肉，是十分优秀的盆器之一。但是由于玻璃盆器底部往往没有渗水孔，所以在浇水方面要特别注意。

（9）蜂窝煤

蜂窝煤是很好的种植材料，透气性好，尤其适合种植肉肉，既可以碾碎了拌土种多肉，也可以直接当做容器使用。要注意的是，经过焚烧的蜂窝煤多呈碱性，在使用前最好先用水浸泡，把灰质去除后方可使用。

（10）其他材料

除了以上常见的盆器外，或许你没想到的树根、石头、瓦片、水泥管、鸡蛋壳等都能够种植肉肉，而且个中情趣唯有组盆者在亲手实践过程中才能体会到。

▲石头上种多肉

▲瓦当上种多肉

▲树桩上种多肉

▶多肉选择

（1）形状搭配

常见的多肉形态大致可分为柱状、莲座状和匍匐状三类。柱状以景天科青锁龙属多肉为代表，它们直线向上生长；莲座状的多肉较多，如景天科石莲花属、莲花掌属、长生草属、厚叶草属都是此类，它们多易丛生；匍匐状的肉肉通常比较矮小，容易在短时间内蔓延生长，如紫米粒、薄雪万年草、佛珠等。

不同的形态在搭配上各有优势，柱状的多肉能够使整个作品呈现立体感和进深感，丰富作品的层次；莲座状的肉肉往往体量较大，色彩独特，通常作为组合盆栽的主花；匍匐状的多肉则可以作为点缀和背景基调使用，营造氛围。

在组合多肉的时候，要尽可能做到错落有致、高低有别。

（2）色彩搭配

在组合肉肉的时候必然希望它们能够呈现丰富的色彩，因此会将不同颜色的肉肉搭配组合在一起，显得热闹、出彩。这么多的色彩如何进行合理的搭配？不同色系的肉肉都有哪些基本品种呢？

多数景天科的多肉在温差大时会发生变色现象，原本单一的绿色将慢慢变为鲜艳的颜色。多肉植物主要的颜色有红色、紫色、黄色、黑色、蓝色和白色。

红色：火祭、红稚莲、姬胧月、红霜、红蜡东云、红宝石等。

▲红稚莲

紫色：江户紫、紫米粒、紫弦月、霜之鹤、紫珍珠、沙漠之星等。

黄色：旭日辉、黄丽、皇星、铭月、黄金花月、黄金万年草等。

黑色：黑法师、黑王子、大和锦、小和锦、滇石莲、黑骑士等。

蓝色：蓝色天使、蓝石莲、蓝鹭、蓝松、蓝鸟、蓝宝石、蓝粉台阁等。

绿色：静夜、八千代、薄雪万年草、山地玫瑰、格林、新玉坠等。

▲新玉坠

白色：白牡丹、胧月、雪莲、鲁氏石莲、白霜、白美人、朝之霜等。

知道了肉肉的颜色，就可以着手搭配了。首先要根据盆器的颜色来选择主基调色彩，如果选择绿色作为基调色，就可以点缀一些红色、黄色的品种来提升鲜艳度。当然也可以组合多肉杂色大拼盘，但要注意选择的盆器色彩就应该是纯色的暗色系或白色，以免喧宾夺主。

▲朝之霜

▶装饰选用

(1) 表土装饰

如果在组盆之后把原有的泥炭、煤渣、椰糠等基质露在表层，肯定是要影响美观。一个好的组合盆栽可以通过密植一些铺地类型的多肉，让它们蔓延开来，将盆器表面覆盖。还有就是利用装饰基质来覆盖表土，大颗粒、美观的石粒和瓦粒都是不错的选择。

▲密植法

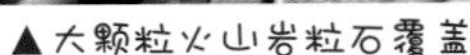

▲大颗粒火山岩粒石覆盖

▲细粒卵石覆盖

（2）添加一些小物件

精美的组合盆栽需要加上故事的主人公，才能更加生动。不妨使用一些小物件来装点下吧！在组合之初，可以先构思一个小情节，用上小摆件，让组合盆栽开启一个童话故事。

放在多肉组合盆栽中的小摆件可以是小时候的玩具、家里的废旧小摆设，还可以是花卉市场中专门销售的泡沫类摆件。经过小小的点缀，瞬间就可以使组合盆景变得灵动起来。

动手组合多肉盆栽

▶制作多肉礼盒

一切都准备就绪了，那就开始动手制作一个多肉礼盒吧！

步骤 1：选择好木盒子，在盒子中填入 1/2 基质（这个木盒子比较深，可以在底部先垫上一层海绵，再覆盖基质。基质是泡过水的，能够保持一定湿度）。为了美观效果，再在面上铺上绿苔藓。

步骤 2：选择好要组盆的多肉植物备用。心中规划好组盆后各植物的前后关系，将靠后、最高的肉肉先行入盆。找好位置后先用一些大颗粒基质固定。

步骤 3：顺着第一株多肉的位置开始慢慢向前种植多肉。为了能够达到最佳观赏效果，注意尽可能密植，不要留太多的空隙。

步骤 4：依次由大到小，将多肉植物填充到盆器中，注意选择的多肉在色彩上的搭配和大小呼应。

步骤 5：在裸露出的表土处点缀上色彩鲜亮的“永生花”作为装饰。

步骤 6：最后用滴管给完成的作品稍稍浇下定根水，让肉肉的根系与基质更加贴合，这样一个漂亮的肉肉礼盒就完成了。

【小贴士】

多肉礼盒并不适合长期种植，木盒的空间限制及材质条件都不利于肉肉长期生长。

▶制作多肉铁艺吊篮

步骤 1：准备好铁丝，剪成长短不同的 3 段，并分别制成圆圈形状。

步骤 2：将 3 个铁丝圆圈紧密缠绕固定。

步骤 3：用铁丝段做成简单而美观的纹样，并用小铁丝紧密缠绕固定。

步骤 4：经过造型后的自制吊篮就做好了。

步骤 5：在铁艺吊篮内种上多肉植物，造型优美的组合盆栽就完成了。

肉友们的
经验谈

入门肉友经验谈

●杭州湖州：梅至诚

我是将多肉们养在露天的阳台上，由于是顶层，光照和通风环境都非常好。花盆是红陶或者多孔的塑料控根盆，透水透气性良好；基质是多肉通用的大量颗粒加少量泥炭和营养土的组合。

近几年杭州全市 7~8 月份的气温攀升非常高，最高气温经常可以达到 40℃以上，这对于某些耐热性不太好的品种来说度夏是件很麻烦的事情。遮阳网是度夏必备的用品，我一般使用三针的黑色遮阳网，遮光率在 60% 左右，在三伏最热的那几天中午，必须要将多肉们搬进室内，不然顶层阳台的阳光直射即便是某些耐热植物也受不了。浇水则是在晚上 7 点以后，以地面温度降低到与气温差不多的时候为准，每 4~5 天浇一次。夏季大多数多肉都是处于休眠期，除了基质泥炭土含量较多的玉露系之外，即便多点水分也不会引起徒长。

从 8 月下旬起杭州的气温开始下降，多肉开始快速生长，一直可以持续到 10 月底至 11 月初。杭州秋季阴雨天较多，稍不注意多肉们就会徒长，但是我没有刻意控水，一般按照天气情况进行浇水。即便有轻微徒长也没有关系，有些茎长得太长的则砍头重新种植，同时尽可能增加光照。春季的情况与秋季也较为相似。10 月下旬多肉们开始变色，此时才开始控水。

冬季是最容易养护的季节，除了夜晚气温会降到零下的那几天需要移进室内，其余时间都可以露养，浇水的时间间隔也很长。这时候是最佳观赏期，除了记得多拍点照片就没别的事了。

●云南大理：水草 kazemi

我种植多肉有 1 年半的时间了。在入手多肉后，我一般先了解其科属，然后在网络论坛或者贴吧上查找相关的信息。

我所在的地区多雨，所以防徒长很重要，原则上是平时尽可能多加强光照，实在没光的时候少浇水，能放到屋外就别隔着玻璃晒。病害方面，以云南的气候正常情况下不易造成黑腐病等，我预防的措施主要就是，一来坚持每日巡视，发现就赶紧隔离防止扩散，尤其是同盆的必须挖出来隔离换土；二来可以适当用多菌灵等灭菌药喷洒。虫害方面，对新买的多肉先检查，或者泡药后再上盆，如定植后发现有介壳虫马上隔离，喷洒蚧必治。浇水则很随意，有的时候看叶子有点软了才浇，采用浸盆比较方便。小苗和叶插繁殖苗之类的浇得多一些。在大理，多肉度夏不是难题，倒是连续的雨季必须多注意，一定要注意遮雨！连续四五个月的雨季，不遮雨多肉就会烂光。

我喜欢把多肉培养成老桩，一般不砍头繁殖，但是没有刻意去造型培养，让它随意长，等到造型太丑了再砍。对我来说，多肉活着才是最重要的。

●**北京：肥狼 vbai**

我养肉肉时间有一年半了。刚结婚那阵子，为了布置小家，经常去逛花市，那时多肉还不普及，大多数都是观音莲，所以我入手的第一盆多肉就是观音莲，后来陆续买了朝之霜、虹之玉、吉娃娃等一堆普货。有一次我给老婆做了个多肉组合盆栽作为礼物，从此爱上多肉，一发不可收拾。

一年多的时间入手了不少多肉品种，同时也在播种。当然“仙去”的更是不计其数。都说多肉是懒人植物，但是懒只能保证不死，想要出型、出状态，还是要天天关注。晒多了不行，不晒不行；水大了徒长，水少了皱缩，一周不管就歪脖（趋光）。当然懒也会有惊喜，很快就老桩了！

下面以北京环境的特点给需要的肉友一些个人建议。

①不要浇太多水，也不要长期不浇水。北方天气干燥，一周浇水一次比较合适。弱酸水最好，自来水加一点点白醋就好。北京的雨水慎用，很多淋雨的肉肉易染上烟煤病。浇水的最好时机是傍晚，但冬季除外。

②配土要透气，但也要注意分品种。景天科多肉毛细根比较多，泥炭土比重可以大些，但也不要超过 60%；番杏主根粗大，用纯颗粒都没有问题，但要注意直径搭配，要有粗有细；十二卷属介于景天与番杏之间，泥炭土比例 40% 左右即可（不要用颗粒泥炭土，这种都是用胶水混合成型，对根有害）。省钱些也可以用煤渣，但不要买四五十元一包的赤玉，大包赤玉市场价不会低于六十元。

③播种方面。播种温度建议仙人掌 30 ~ 35℃、景天 20 ~ 25℃、肉锥花 12 ~ 18℃。播种出苗前要闷住，出苗 50% 后白天要通风、晚上继续闷。小苗要保湿，不要干透。闷到不出苗了就可以全天开盖了。播种可浸盆，不要喷水，喷水可能将种子冲进土里，不利于发芽。小苗娇嫩，出苗后逐渐沐浴阳光，可隔窗晒，每次建议不要超过 2 小时。小苗不需要施肥。如果发现有虫，立即移苗。

④北京的气候环境，各种盆器都可以种多肉，但是尽量避免铁器和木器，因为前者易锈，后者易腐。

⑤发现有半年也不怎么长的肉肉要果断移盆，多数是根系有病害或者土板结。

⑥北京春秋季是多肉繁殖的好季节，砍头、叶插总相宜。

⑦防虫很重要，应定期喷洒多菌灵或者低浓度护花神。夏季防虫，冬季防冻。

他玩多肉三年了

●福州：静夜

对于多肉的整个栽培条件，首先我要强调的就是自然因素的影响要远远高于人工因素，尤其是光照条件。多肉大多数为喜光，除软叶十二卷等，基本可以全日照，如果没有充足光照和通风，即使养不死多肉也必定养不好，这就像“慢性病”一样，会不断损害多肉的健康。相对于这些条件，浇水和土质条件则更直接、更致命。浇水一旦过多就容易烂根，所以浇水需要结合每种环境和个人的习惯以及种植土进行，没有固定的周期，这绝不是三言两语或几段话可以真正领会的，总之，浇水前需要多观察植株、感受盆重等。而配土重在预防，以颗粒土为主，抗菌、抗虫、低氮、透气为佳。

特别是在像我所在的福州等南方地区，闷热潮湿，昼夜温差小，人工栽培条件就必须比北方地区相对严谨些，如植料要更透气，必要时需要用电风扇加强通风和降温等。除了在高温时要注意防病虫害，还要多注意防徒长。多肉为增加接收光照的面积而使茎拉长，导致细胞壁变薄，从而极易被真菌侵入，易得黑腐病。又如持续温度过高，加上南方昼夜温差小，多肉本身的景天酸代谢机制被破坏，植物激素含量激增，易得黑腐病等，而这种情况所造成的腐烂，即使截枝后也会依然持续直至全株死亡。

在持续高温的夏季，光照过强或湿度过高，景天科多肉的中心新叶常常会“出锦”。这实际上是由于恶劣环境导致植物部分叶绿体缺失，并非遗传基因所致，当环境转好后，这个现象就会消失。

还值得一提的是，多肉也和其他植物一样，可以通过驯化来适应环境并生长。即使是冬型种、不耐热品种在福州度夏两次后，一样可以突破理论极限生长温度而持续安全地存活。

栽培六年肉友经验谈

●**福州：王倩倩**

近年来，多肉植物风靡全国，特别是景天科植物，因其可爱呆萌的肉质外形、适合各类阳台种植条件、管理密度较低、品种繁多等特点，深受各年龄层肉友的追捧。

当你获得一棵美艳欲滴的多肉植物时，在养护过程中静待其生长，这才是种植多肉的乐趣所在。从它长出第一片新叶开始，属于你的种植成就也就开始了。让我们一起来交流并享受这一过程。

如何种植好多肉植物呢？以下是我个人种多肉的几点浅见，提供给肉友们交流。

要种好多肉植物，应从以下三方面入手：土壤、水和阳光。

▶土壤

在原生地，多肉植物一般生长在条件恶劣的地区。没有肥沃的土壤、没有充足的降水，因此，人工种植时土壤配比不宜太肥沃、太保水，但必须透气，让根部生长强壮。一般的配土原则为一份持水料、一份不持水料和一份有机质。

持水料为保水材料，例如煤渣、火山岩、赤玉土等。特点是导水快，不易在植料缝隙中间产生积水，能有效提高植料透气性，防止根部缺氧坏死，而且饱有一定量水分供植物生长。

不持水料主要为控水材料，例如珍珠岩、陶粒、轻石等。特点是占据土料部分体积，使土壤的保水程度达到一个安全的最高值后，多余水分可由盆底流出，一定程度上达到控水的目的。

有机质为营养物质，例如仙土、泥炭等。中国南北方空气湿度相差很大，南方在梅雨季节盆内基质时常不会干透；北方地区空气干燥，土壤水分易挥发。建议根据当地情况多添加持水料，以保证根系健康。

另外，在配土上我有几点浅见。

①如果没有种植条件差异很大的植株，建议用同样配比的土，为以后水分管理奠定基础。

②颗粒土壤种植效果较好，透气又透水，不易板结。新手易过分给水，颗粒土壤更易从盆孔将多余水分排出，相比较更安全。

③一般1～3年才需要换盆换土，加之多肉植物不需要太多营养物质，后期可使用缓释肥作为土壤营养补充。缓释肥一般分为有效期3个月和6个月的，所以施肥之前要先预算植株休眠的时间，否则富营养将给休眠期的多肉带来灾难。

太肥厚的营养不仅会使多肉株型散乱、叶片不易出色，更易让植株抗性不足，且极易黑腐、水化。植株矮壮、肉墩、颜色娇艳，才是我们最终的种植目标。初级玩家的大忌就是过于心急，大肥大水，结果揠苗助长，刚见其生长之时也让其接近死亡。

▶水

所有生命都起源于水。即使是像多肉这样不需要很多水分的植物，如果浇水不科学，一样种不出色，甚者会导致其死亡。

①使用富氧水。无论是日常生活用的自来水，还是接地气的溪泉水，沉淀后都是死水。这类水体里滋生大量细菌，消耗掉水中的大量氧气。将这样的水浇灌到多肉根部，不利于根部呼吸与生长，一个周期内没有干透就有可能导致大面积烂根。根系不发达，自然植株就不健康。最佳的处理办法是使用水泵往水体里打气，使水体里负载更多氧气，用处理后的水灌溉多肉植物生长效果更佳。

②干湿交替。在原生地，多肉植物在干旱的环境下是利用自身器官，主要是叶肉器官储存的养分生存。在人工条件下，可以使土壤长期饱有水分，植株肆意吸收水分，使细胞膨大。看起来植株饱满、长大了，可是这样的植株是岌岌可危的。可能一个艳阳天的某个高温时段，叶表温度就超过植株的致死温度，轻者晒伤，重者直接死亡。

对于新手来说，干湿交替是控水的好办法。因为植株吸收水分的同时，也吸收溶解在水分中的营养物质。水分通过输送到达植株各个部位后，营养物质也被运输至各部位。之后多余水分通过蒸腾作用挥发出植株体外。过多的水分囤积易导致细胞破裂坏死，使植株抗性不足。上面提到的使用同一配比土壤，也是为此作铺垫。统一的土壤在相同的环境下干涸的程度基本一致，干透后一段时间，根系完好的植株（非休眠季）出现叶表轻微塌缩，就可以给水了。根系不好的植株，可能很长一段时间都是塌缩包裹的状态，特别是刚买入的多肉，要保持一定的土壤湿度，以便刺激其发展新根系。此处仅泛泛而论，阐述浇水原则，具体要看各类植株的情况而定。

③注意观察植株状态。多肉植物的耐旱程度是人类无法想像的。我曾经将温室某个角落的脱盆石头一年苗遗忘，在经历过福州三伏天外加“秋老虎”之后，前后让其历经将近4个月“磨难”，被发现时都已成为图钉状干瘪。但在

适合时节修根种下后，它又饱满起来。所以，肉友们千万别小瞧多肉的耐旱能力，多给水必害之，而应多观察累积经验，视植株的饱满状态酌情给水。水管理得当，植株健壮、敦实，才有成就感。

▶阳光

所有植物的生长都离不开阳光，多肉植物也不例外。但肉友们在光照强度上存在误区，认为多肉植物生长在荒漠中，先天可以抵御炙热的阳光。

其实聪明的多肉植物在接触阳光最密集的顶端，已经进化出许多抵御强光的物理防晒方法。例如顶端密生毛或刺或是覆盖一层白色蜡质，一来可以抵御热浪辐射，二来可减少水分蒸腾；或是故意塌缩，用旧皮包裹躲进石砾里，以抵御季节性的强光攻击，例如生石花、肉锥等。但在植株根系不甚完好的情况下，也就是植物的缓根期，任何植物都不宜暴晒。即使是夏天生长的仙人掌属，为了植株健康，应放在散射光处种植一段时间后再放入强光区种植。以下总结几种比较实用的应对极热天气的方法。

①在无风的高热天气中，注意给植株通风。方法是使用风扇使空气流通，为叶表降温，不超过致死温度即可。这样既可以控制好植物的株型，又可以提高植物的抗性。

②不建议使用空调。空调自然可以降温解暑，但也会唤醒休眠植株继续进入生长状态。犹如温室里的花朵，抗性下降，一旦环境逆变，死亡率自然上升。而且有空调的环境自然多为室内，多肉植物会因缺光而徒长，导致抗性不足，这也是死路一条。所以种植多肉植物千万不可以一日抵百日，千万不能心急。

以上为我的种肉浅见，希望肉友们看完有各自的收获。种植是一个享受的慢过程，让我们一起来享受植物恩赐我们的惊喜吧！